U0156340

好包装

卖货的策略与原理

张正 倪飞 ◎著

机械工业出版社

CHINA MACHINE PRESS

图书在版编目（CIP）数据

好包装：卖货的策略与原理 / 张正，倪飞著 . —北京：机械工业出版社，
2024.5

ISBN 978-7-111-75356-8

I. ①好… II. ①张… ②倪… III. ①包装设计 IV. ① TB482

中国国家版本馆 CIP 数据核字（2024）第 054286 号

机械工业出版社（北京市百万庄大街 22 号 邮政编码 100037）
策划编辑：李文静　　　　　　　责任编辑：李文静　单元花
责任校对：肖　琳　刘雅娜　　　责任印制：张　博
北京联兴盛业印刷股份有限公司印刷
2024 年 6 月第 1 版第 1 次印刷
170mm×230mm · 13.5 印张 · 1 插页 · 171 千字
标准书号：ISBN 978-7-111-75356-8
定价：79.00 元

电话服务　　　　　　　　　　网络服务
客服电话：010-88361066　机　工　官　网：www.cmpbook.com
　　　　　010-88379833　机　工　官　博：weibo.com/cmp1952
　　　　　010-68326294　金　　书　　网：www.golden-book.com
封底无防伪标均为盗版　机工教育服务网：www.cmpedu.com

好包装，卖货的力量从哪里来

太多的人将包装设计的目的和作用归于装饰产品、提升颜值，认为包装设计属于视觉美感范畴，好看、有档次的就是好包装。这是非常有害的包装观。

包装不是设计那点儿事，不是彰显设计技巧，单纯追求形式上、视觉上的美感，而是务实高效的营销传播工具，忠实于企业战略、品牌定位、市场目的，主动承载和最大限度地分担营销传播、树立品牌的任务。对大多数实力弱、资源少的中小企业来说，包装有可能是企业和产品与消费者沟通的唯一窗口和媒介，有时上升到战略源头和具有战略高度的工具，决定着经营的成败。因此，我们一再强调包装一定要帮助企业和产品高效地传达信息，在消费者心智中建立认知、创建品牌，最终完成销售。这才是包装的目的。通俗地说，好包装就是要卖货，这才是正确的包装观。

好包装都是为了卖货，都是为了创建和维护品牌，都是为了落实战略、成就战略。包装始于企业的经营战略和品牌策略，终于实体可见的卖货的战术工具，所以包装从来就不是设计那点儿事。

俄国唯物主义哲学家、文艺评论家、作家和美学家车尔尼雪夫斯基说：把形式和内容分割开来，就是毁灭内容本身。反过来也是一样，把内容和形式分割开来，就意味着形式的毁灭。

本书从品牌营销的角度研究包装设计，研究包装在整个营销传播过程中发挥什么作用和怎样发挥作用。不谦虚地说，本书破解了包装设计背后的卖货密码，深入解析了卖货包装设计的目的、依据、原理、要素等问题。从这个角度上看，本书是中国包装设计研究中少有的类型。

如果说包装和包装设计是战术工具，那么如何让这个战术工具体现战略高度，实现战略意图，融入市场营销体系，是一个很有价值的课题。我们在这方面先行了一步。

优秀的包装设计需要经历调研、策略谋划、设计、落地四个环节。本书把研究的重点放在策略谋划上，也就是在调研之后设计之前的"想"的工作，是为什么这样设计而不那样设计的分析、推演过程和结论，为设计师提供创意方向和设计依据。简单地说，本书研究的是好包装设计背后的原理，以及卖货的力量从哪里来。

市场导向，在甲方和设计师之间搭建沟通对话的桥梁

本书首先是写给甲方和职业经理人的。

不是要把甲方和职业经理人变成设计师，而是帮助他们学会判断什么是好包装。拿到作品后知道设计得好不好，哪里好，哪里需要修改，为什么，然后对设计公司有理有据地讲出来。这是甲方常规工作的一部分，但也常常令他们感到头疼：不懂设计专业，还要说到点儿上。本书解决了这个难题。

本书不是美术学院平面设计专业常见的讲设计技巧、方法的书，而是立足市场，把设计技巧与市场销售打通，讲卖货包装背后的原理，讲做对了什么包装就能卖货。以包装设计为话题，重点讲包装上的营销规律和传播规律的应用。

我们在包装设计工作中，首先要保证做对的事情，强调不跑偏、出实效，不允许脱离目的谈美观和设计技巧，不允许孤芳自赏，一切手段都必须为卖货服务。欢迎甲方与我们一起，采用本书中总结提炼的方法，提升包装评判水平，保证包装作品的质量。

其次，本书也是写给设计界同人的。

我们发现，许多设计师即使学遍了设计技巧，也做不出一款实用卖货包装，这几乎是整个设计行业的痛点。大量设计师在理论、观念和手艺上没有把设计和营销打通，没有找到实现从想到做的分解方法，没有能力或者根本不知道设计师最大的价值在于，把理性的、抽象的营销概念（目标人群及需求、消费场景、差异化卖点等）转化为消费者感兴趣的、具体形象的、好说好记的视觉作品。他们接到设计任务后，往往一头扎进图文设计当中，沉浸在自己的世界里⋯⋯

如何让设计师深刻领会、准确执行，甚至补充完善企业的经营战略和市场意图，遵循市场营销和视觉传播规律，把战略意图落实到包装上，把营销概念转化为消费者容易感知的、对竞争者有"杀伤力"的视觉形象，是设计界迫切需要解决的问题。

本书的贡献

本书最重要的贡献是，揭示了卖货包装的两个秘密：一是包装要有"五力"，二是对包装信息要进行价值分级和排序。

这个贡献或者叫发现并不完全是原创的，而是将营销传播前辈的智慧成果在包装设计上予以应用和发展。

例如，包装"五力"，是在冯卫东先生《升级定位》中"品牌三问"的前后加上包装必须具有的"吸引力"和品牌记忆与认知积累需要的"传播力"发展而来的。在此，对冯卫东先生表示特别的感谢。

我们不提倡事事自己摸索——别人走过的弯路不算数，非得自己走一遍，这既不聪明又无效能。我们继承了太多前辈们的智慧成果，也想给后来者提供好用的方法和工具。

我们主张敬畏规律。如果说我们取得了一些成绩，形成了一些观点，总结了一些经验、工具和方法，多半是因为学习并掌握了营销前辈、经营大师创造并积累的市场营销、品牌创建的智慧财富。不是我们有多么高明，而是我们运用的品牌和营销传播定律与规律不可违背，必须恪守！这一点，我们想与企业家朋友们共勉。

我们发现、总结和提炼的每一个规律，列举的每一个案例，讲的每一个包装应用场景，都源于市场实战。从实践到理论，从理论再到实践，这个过程永无止境，我们拼尽全力也只走出了其中的一小段。同时，任何理论都滞后于实践，本书不会超越时代，因此我们的理论、观点和方法只求有实效，避免甲乙双方进入误区，走弯路。

我们同样鼓励创新，创新成功后应该把经验与方法总结、沉淀为规律，然后指导实践。实践和理论交替螺旋上升，知识就是这样积累的，人类就是这样进步的。做常规的事不走弯路，做创新的事高起点，才是正确的思路和方法。

包装不是包装本身那点儿事，同理，经营包装设计公司也不是自己赚钱那点儿事。我们分享对包装设计的实践与思考，也许能够帮助到甲方和包装设计师。无论贡献多少力量，都是一件有价值和令人高兴的事。

　　中国是全球最大的消费市场之一和包装大国，再加上市场环境在不停地变化，因此包装设计的需求与市场巨大，机会和空间无限。在品牌营销和包装设计领域，我们两位作者真诚地希望更多的朋友加入到卖货包装的实践和研究中，为企业界、经营者注入活力，为设计界带来新视角、新发现和新成果，提升高效创造市场业绩的能力。

张　正、倪　飞

2023 年 10 月 8 日

目　　录

设 / 计 / 篇
包装的呈现

以顾客价值为依归

用手艺帮助客户更容易地卖货

包 / 装 / 的 / 实 / 质

原理篇

你对一件事情的理解，就是你的竞
争力；你对一件事情的认知越深刻，
就越有竞争力。[⊖]

————字节跳动创始人 张一鸣

[⊖] 2016 年 2 月，张一鸣做客腾讯策划的谈话栏目《创业中国》，在接受歌手及投资人胡海泉采访时所说。

第 一 章

重新认识包装

包装对消费者购买产品的驱动力非常强大。调研显示，30% 的消费者会因为产品包装而购买产品；60% 的消费者会因为看到了符合自己购买需求的产品包装而尝试新产品；对于快消品，80% 的冲动性购买是因为产品包装而产生的。包装对消费者购买的驱动，远比电视广告、广播广告、网络广告、户外广告等更加有效，投资回报率是广告的 50 倍。

很多企业的产品包装是企业、产品和品牌与消费者和公众沟通的唯一工具，与产品相伴相生。唯一，只有包装，这个工具还不重要吗？

包装对一些人来说是熟悉的陌生人，他们脑海里的包装是解决产品的"包"和"装"的问题。"包"是为了保护产品，在仓储、运输和销售过程中避免产品受损伤。"装"是美化产品，让它们更好看一点。许多人对包装的认识停留在这个水平上，局限在"包装"本身这个就事论事的范畴中，把包装看低了、看小了、看孤立了。这是落伍的包装观。

当今市场，包装的功用和地位早已变得多元化、复杂化和战略化。从充当企业媒体，提升品牌声量，到吸睛获客、吆喝卖货，再到创建品牌、承载企业战略，一切你能想得到的经营任务，包装都能够或高调靓丽或深藏若虚地承担。

做卖货的实效包装，从改变认知开始。

从王老吉与加多宝争夺红罐，看包装的内涵和重要性

广州医药集团有限公司（以下简称广药集团）与加多宝（中国）饮料有限公司（以下简称加多宝）对王老吉商标的争夺，被称为中国商标第一案，广为人知，过程和细节不再赘述。这里重点说一说广药集团拿回王老吉商标之后，双方对红罐包装的重视和争夺，以此说明包装在市场竞争中的重要性。

2012年5月，广药集团从加多宝手里收回王老吉商标后，立即做出了什么样的市场举动呢？推出了属于广药集团的红罐王老吉凉茶（见图1-1）。

在此之前，王老吉的红罐包装是和商标一起授权给加多宝集团使用的。这期间广药集团销售凉茶的包装是

图1-1　王老吉凉茶绿盒和红罐

绿盒王老吉，销量不高，2011 年销售额不到 20 亿元，同期在加多宝手里的红罐王老吉市场业绩全球瞩目，年销售收入达到惊人的 160 亿元[⊖]。

从市场角度来看，广药集团拿回了"红罐 + 王老吉"，就拿回了整个凉茶市场。红罐包装是和王老吉商标同等重要的东西。

红罐王老吉率先代表凉茶打开市场，成为全国品牌，并且一家独大。因此，在红罐王老吉身上不仅凝聚着王老吉品牌的知名度和美誉度，还承载着消费者对凉茶品类的全部认知（当时以加多宝为品牌的红罐凉茶还没有推出）。拿回"红罐 + 王老吉"，就等于拿回了凉茶品类和王老吉品牌的全部无形资产，以及由加多宝开拓的巨大市场，同时掐断了加多宝与凉茶消费者的关联，加多宝开创的凉茶市场几乎全部被广药集团收入囊中。

红罐比商标更具品牌认知作用。

作为品牌名称、注册商标，"王老吉"这三个字当然极其重要，具有法律效力，但是从消费者认知、品牌辨识和品牌影响力的角度看，红罐包装对消费者认知上的作用则更强，王老吉三个字只有出现在红罐上，才是具体的、可感知的。

消费者认准的就是这个红罐，就算知道王老吉红罐凉茶的主人已经由加多宝换成了广药集团也无所谓。所以，广药集团拿回王老吉商标后，根本不用想别的，一定直接用红罐，也不用担心背负负面评价。跟负面评价相比，红罐王老吉所凝聚的认知作用和带来的市场销量是压倒性的。

从加多宝的角度看，加多宝面临危机应该怎么办呢？争夺红罐包装！

⊖　此数据来源于证券时报在新浪财经发表的题为"媒体质疑广药难延续王老吉 1080 亿元品牌价值"的文章 http://finance.sina.com.cn/review/jcgc/20120515/143312068776.shtml。

首先，加多宝一边去王老吉化，一边沿用红罐包装，竭尽全力想通过此举把品牌认知从王老吉过渡到加多宝上来，推出了"加多宝红罐凉茶"。

加多宝想在使用红罐上，能坚持多久就坚持多久。加多宝深知，只有红罐才能最大限度地把多年来在消费者心智中建立起来的品类认知和品牌认知延续下来，然后竭尽全力地将其转移到加多宝身上。期间，加多宝不惜投入巨量广告，加大传播声量，不断夯实加多宝才是凉茶开创者的认知。

接着，加多宝又为不能使用红罐做准备，推出金罐。

推出金罐，一来可以摆脱和广药集团王老吉的纠缠，在产品外观上做彻底切割，建立鲜明的品牌识别，解决消费者选择混淆的问题；二来为进军海外市场主动升级，与可口可乐红形成区隔，为全球化战略奠定基础。

为加多宝服务的品牌战略咨询机构特劳特中国区总经理说："加多宝在销量第一的情况下换包装，正是时机。"但是邓德隆同样表示："当然这要掏很多钱。提出这个战略，预示着要投入几十亿元。"

升级金罐，机遇、风险和挑战并存。因为在营销上有一条铁律，认知一旦建立就很难改变。加多宝为此做出了极大的努力和投入。

事实上，自加多宝改用金罐之后，消费者的那种"熟悉的味道"就逐渐消失了，胜利的天平逐渐朝着王老吉倾斜。

加多宝换金罐，是无奈之后主动的战略抉择，必须得做，而早做比晚做好得多。

为什么选择金色而不是其他颜色呢？

金色给人皇冠、金牌、第一、顶级的联想。显然，从包装升级的逻辑上看，其他颜色，如黄、橙、蓝、绿、白、黑都不能与金色相比。可以说，金色是除红色之外中国人喜欢的且感觉高级的颜色，加多宝经营者希望消费者能够通过金罐联想和认识到：加多宝才是凉茶品类里的正宗品牌，并且拥有领导者地位。

广药集团与加多宝的这场争夺战清晰地昭示：包装不是无关紧要、没有生命的容器，而是代表着品牌（如果是品类开创者，包装还代表着品类），承载着丰富且关键的品牌信息和品类信息，关联着消费者的认知和选择思维路径，决定着企业的生死存亡的载体。失去了包装这个载体，消费者就会找不到品类，不认识品牌，企业经营也就无从谈起，没有了抓手。

包装与产品、品牌不可分割，是外在代表内在、表达内在的手段与形式。因此，包装绝对不是一件可以随便更换的外套。

看包装设计，一定要有战略高度，要沿着企业经营从战略到战术的脉络来考量。包装不能就事论事，不能只见树木不见森林。这是本书主张的战略包装观和系统包装观，也是最实效和实战的方法论。

企业经营者和包装设计师需要重新认识包装。千万不要因为你的认知限制了包装的地位、价值和作用。

下面，让我们再通过三个案例来加深对包装的认识。

三个案例让你再也不会小看包装

在下面三个案例中，包装为企业开拓新领域、创建新品牌，担当战略主角，从三个角度刷新你对包装的认识，让你从此看包装有高度、更全面。

■ **案例一：小罐茶，给消费者一个全新的选择茶的标准和方式**

2016 年，"小罐茶"以创新的包装横空出世（见图 1-2），在中国茶历史上创造了新的选茶标准和选茶方式，不仅让中国茶消费从复杂、需要懂茶变得简单、方便，颠覆了茶行业，而且在当年实现营收 1 亿元，第二年营收超 7 亿元，在中国茶企中一举挺进前三名。2018 年，小罐茶年销售金额达 20 亿元，2019 年实现盈利。

图 1-2 小罐茶包装创新

小罐茶让不同品类的茶以统一的包装、统一的重量和统一的价格出现（见图 1-3），以包装为手段，让选茶、喝茶、送茶变得简单、有标准，使消费者好购买、好分享和好送礼。

初看，小罐茶只是"小罐"这种包装形态的创新；细品，实则是企业战略与战术手段协同的大突破。

小罐茶从客户需求出发，超越传统茶的属性，让茶从产地和品类中跳脱出来，重建概念，变成现代消费品，变成轻奢快消品。同时在很大程度

8大名茶
都是统一价格

8大名茶，唯一等级，唯一价格，
小罐茶不仅让买好茶变得轻而易举，更让送好茶无须言表
逢年过节，走亲访友，商务往来，
送小罐茶表心意，情深意重，心领神会。

图 1-3　小罐茶 8 大名茶

上解决了（准确地说是绕开了）茶叶消费者长期搞不定的产地来源不清、品类品质不正宗、价格渠道不透明的问题，让"小罐"成为茶行业里的"硬通货"，重新定义了好茶的标准，到哪里都是不二价。

对懂茶的人来说，小罐茶品质算不得非常出众，铝罐包装也算不上奢侈，但是够简单、有差异、好操作、有档次。在中国茶永远离不开的"买、喝、送"三件事里，小罐茶给出了一套异于传统茶行业的衡量标准和解决方案，买、喝、送、收各方在小罐茶的体系里都变得明明白白，小罐茶开辟了属于自己的蓝海。

■ **案例二：江小白，从酒体到酒瓶再到包装文案，从里到外赢得年轻人的心**

在白酒市场上，江小白没有历史，不说窖藏。在中国传统白酒市场萎缩的情况下，江小白打开了一个全新的年轻人的小酒市场。

江小白为什么会成功？有的人认为是因为"江小白"这个名字，其实

图 1-4　江小白包装上的精彩文案

如果江小白没有成功，人们十有八九会说"江小白"根本不像白酒的名字；还有人认为是廉价的白光瓶起了作用，其实小白瓶、小绿瓶、小棕瓶早就被无数的小企业、不知名的品牌用过；更多人认为是因为江小白包装上的"语录体""表达瓶""同城约酒"文案（见图 1-4）。是的，酒瓶文案是江小白营销最靓丽、最给力的成功要素之一，但是这些文案传统白酒品牌敢用吗？用上会有销售力吗？

切莫只关注形式，停留在表面上。江小白在创建品牌时，把包装上升到战略高度，同时对酒瓶里的酒也下足了功夫。它的成功是从里到外、高度一致地缔造年轻人白酒体系的成功，是内容和形式协调一致、互相加持的成功！

一是，为年轻人定制酒体和酒瓶，暗合了他们的心，迎合了他们的口和胃。

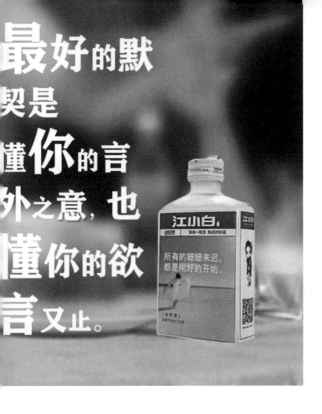

（1）容量少。年轻人酒量不大、酒龄不长，江小白放弃传统白酒动辄 400 ～ 500mL 的大瓶，主销 100mL 的小瓶（见图 1-5）。江小白反对那种胡吃海喝的劝酒、拼酒文化，不是鼓励"把你灌醉"，而是倡导"喝得轻松"，从不参与商务宴请酒的市场竞争。聚餐时一人一瓶，自由自在。年轻人觉得自己很给力，可以干掉一整瓶白酒。

（2）口感爽。传统白酒浓烈，追求丰富的口感。江小白反其道而行之，以红皮糯高粱为唯一原料，在工艺上保证了香味清淡、口感单纯，以"简单、纯粹、轻口味"迎合新一代消费者，减轻辛辣刺激，走威士忌、白兰地、朗姆酒的路线，让年轻人从里到外认识到，这是属于他们自己的酒。酒产品和酒文化保持一致。

（3）度数低。为了让年轻人搞定酒而不是酒搞定年轻人，江小白以 40 度为主（也有 25 度的）。其低度、口感清爽醇和、入口绵柔顺滑、难醉易醒的特点，让年轻人喝酒无负担、有自信、有驾驭感和有成就感。

二是，以酒瓶为媒体，不是玩个

图 1-5 江小白主销 100mL 的小瓶

性形式，而是重在表达，让外在反映内在，轻松走进年轻人的心。

"我是江小白，生活很简单！"不是一句硬塞给消费者的广告语，而是一句迎合年轻人的内心表白。江小白不是第一个做年轻人市场的白酒，为什么它成功了？因为只有它懂年轻人，直接走进了年轻人的心中。

即使没喝过江小白的人，也绝对见过江小白的包装，贴心文案，有甜有盐，或犀利或温暖，句句入心，能够引起年轻人的思想共鸣、价值观共鸣、生活理念共鸣，说出他们想说但未说的话。

"青春不朽，喝杯小酒！"
"不是酒杯放不下，只是想和你好好说说话！"
"纵然时间流逝，我们依然年轻！"
…………

江小白让一群处在人生抉择的十字路口，处在毕业进入社会的过渡期，友情和爱情正在经受考验、情绪无处安放的年轻人感受到了不孤单，有人懂他们。

江小白的广告从来没有直接喊这是年轻人的白酒，可是年轻人看过、尝过后，就会从心里认同，这就是他们的酒。最终，江小白成为年轻人生活与文化的印记，年轻人把江小白视为同伴。

■ 案例三：爱度，用透明瓶子彰显高端定位

亚麻籽油是食用油中的小品类，品牌众多。从冬奥小镇张家口崇礼走出来的爱度亚麻籽油拥有六度提纯技术，油体更清澈，纯净无杂质。但作为亚麻籽油的后来者，哪里是爱度的立足之地呢？爱度发现了一个价位空档——高端价位。怎样体现高端，占据高端市场呢？爱度在包装材料上花了点儿小心思。

图 1-6　爱度亚麻籽油采用透明玻璃瓶包装

爱度突破行业惯例，选择了透明玻璃瓶做包装（见图 1-6）。在超市货架上，在电商产品详情页上，爱度都显得特别靓丽。做出这个决定是经过仔细权衡，付出了很大的勇气的。原来，食用油怕光，采用深色瓶子或者金属桶做包装以减缓油脂氧化，是科学的，也是行业惯例，所以各种品牌的包装瓶不是深绿色就是深棕色，在超市货架上一眼望去，总是"黑乎乎"的一片（见图 1-7）……

爱度分析认为，把亚麻籽油装进透明玻璃瓶，在货架上能够和同类产品产生强烈差异，给消费者赏心悦目的直观感受，并且这不仅仅是为了做表面文章，透明玻璃瓶彰显的是产品内在优异的品质和特色。

爱度亚麻籽油在行业中首创六度提纯专利技术（除胶提纯、除酸提纯、除水提纯、除色提纯、除臭提纯、除蜡提纯），与同行相比，油体格外清澈通透。只有用透明玻璃瓶，才能把六度提纯的优势彰显得淋漓尽致，实现内在差异的可视化和外在化，让消费者看得见。综合评估，采用透明玻璃瓶在营销上的正面收益远远大于不利于油体保存和被业内人士指指点点的

图 1-7　高档瓶装食用油在货架上"黑乎乎"的一片

负面风险。其实，食用油在几个月之内用完，因见光而变质的风险就可以忽略不计。

材料改变了一点点——由不透明变成透明，消费者感受到的价值却天壤之别，外在反映了内在，达到了四两拨千斤的效果。

无论是在超市货架上，还是在电商产品详情页中，爱度的透明玻璃瓶在同行的深棕色、深绿色瓶子中都独树一帜、鲜亮诱人，使其高端定位看得见。

爱度的包装选择与世界著名白酒品牌绝对伏特加如出一辙。

绝对伏特加采用独特的蒸馏方法，将伏特加酒连续蒸馏上百次，直到去除酒里的所有杂质。所以，"绝对纯净"是绝对伏特加的特性，代表了顶级的品质。怎样彰显这种顶级的品质呢？只有透明玻璃瓶和简洁的设计，才是表达纯净最贴切的方式，这就是绝对伏特加透明瓶的由来

（见图 1-8），透明瓶成为绝对伏特加的"视觉锤"，让人过目不忘。

小贴士：什么叫视觉锤？

"视觉锤"理论是定位理论的继承和发展，由里斯伙伴品牌战略咨询公司全球总裁，定位理论的继承者劳拉·里斯提出。"视觉锤"是用于表达品牌、方便消费者和同行识别品牌的视觉形象。

当今是视觉时代，抢占消费者心智的最好方法并非只用"语言的钉子"，还要运用强有力的"视觉锤"。视觉形象就像锤子，可以更快、更有力地将语言的钉子植入消费者的心智，建立定位并引起消费者共鸣。

图 1-8　绝对伏特加的透明瓶

如今，爱度亚麻籽油的高端定位修成正果，成为西贝莜面村等多家著名餐饮企业的指定采购用油，并进入许多干休所慰问品的采购名单。

以上三个案例表明，包装可以成为企业落实战略的主战工具与载体，可以重要到第一战略工具的程度，有些战略就是从包装延伸发展而来的。在这些案例中，包装创造了顾客，开辟了市场，功劳很大。虽然不能说企业经营的每一个时期对包装都这么倚重，但是包装可以实施企业和品牌战略，是优先选择和必须选择的好手段，这是毋庸置疑的。包装的地位和价值·点都不容忽视和低估。

定义，就是属加上种差。[⊖]

——古希腊哲学家 亚里士多德

⊖ 亚里士多德.形而上学 [M].吴寿彭，译.北京：商务印书馆，1959.

第 二 章

什么是好包装

什么是包装

什么是包装？这个貌似简单的问题，也许你真的没有认真想过。

包装分为两种。

一种是运输包装，也称为工业性包装，目的是保证产品在储运过程中的安全，让产品完好无损。这是着眼于物流仓储场景的包装。

另一种是销售包装，也称为商业性包装。销售包装按照零售单位（一瓶、一盒等）为产品设计并制作专属容器，并且通过对包装的表面图文、外形、材料和结构设计，实现保护产品、方便使用、美化增值和传播销售四大功能。销售包装的重点、难点是后两个功能，目的是吸引消费者，传播产品和品牌信息，彰显价值，让消费者喜欢和购买。这是着眼于销售场景的包装，最重要的目的是卖货。

做一个容器把产品保护起来很容易，做一款"自动"卖货包装却很难。本书只讲销售包装，为了简洁易懂，以下把销售包装一律称为"包装"和"卖货包装"。

当然，卖货包装也要运用合理的设计，提供足够的强度来保护产品，方便储运，这是无须多说的起码要求，这里有另外的专门的学问，本书在这方面不做重点描述。

包装的定义：

包装是指为了储运、销售产品和传播品牌，同时也为了方便消费者挑选、携带、保存和使用产品，品牌所有者、设计师运用恰当的材料、工艺，为产品（品牌）制作出专属容器，重要的是利用这个容器的外表面、形状、结构和材料，尤其是在外表面上，运用品牌标识、图形、色彩和文字传达产品信息和品牌信息，彰显产品价值和品牌价值，销售产品的活动。

包装包括一个产品的单件包装和整箱外包装（有的还有中包装）。包装设计的重点是零售市场上最小的销售单位和销量最大的单位的包装。有的只有零售单位的包装，有的有小包装、中包装和大包装。

例如，巧克力按盒销售，一盒内含 12 块或 24 块巧克力，那么包装的设计重点在"盒"上。当然打开盒子，每一块巧克力还有包装，也需要设计。两者的核心信息协调一致（见图 2-1）。

最小的销售单位在哪里，包装设计的重点就在哪里；销量最大的销售单位是什么，包装设计的重点就是什么。

矿泉水一般按瓶销售，那么包装设计的重点就在单个瓶子和瓶贴上，整箱的设计就相对次要。整箱的包装设计重点应该放在品牌识别信息上，

图 2-1　巧克力的包装

应该放在促销堆头的陈列效果上。品牌、品类信息和核心视觉要清晰，远看排面识别度好，容量数量当然必须有，一切以卖货为目的。

"王小卤"虎皮凤爪是一种随机购买性很强的食品，在大小终端见缝插针地做堆头、搞展示、方便消费者拿取，已经成为"王小卤"在实践中摸索出来的销售"门道"。于是，包装设计者专门为终端陈列设计了大包装箱（见图 2-2）。

"王小卤"虎皮凤爪大包装箱：一是包装表面有图有真相，画面上的凤爪诱人，令人垂涎欲滴；二是箱体拆开就是专属货架。大箱沿斜线裁开，形成一个有边有沿的放置产品的堆头货架，方便终端销售人员随时随地摆堆头。这个大箱设计紧贴市场一线需求，是销售包装的好作品。

图 2-2　"王小卤"虎皮凤爪大包装箱

什么是好包装

什么是好包装？答案众说纷纭：

好包装是保护产品、美化产品的容器。

好包装是给产品穿的新衣，给人带来美的享受。

好包装就是品牌形象塑造。

好包装就是吸金石，必须抓眼球。

好包装必须高大上。

好包装必须时尚。

…………

这些说法对不对呢？有时候是对的，但是不严谨，不能适用于所有情况。这些观点流于表面且似是而非，没有直达本质。

请看一个真实的著名案例。

曾是百事旗下的果汁品牌纯果乐（Tropicana）在 2008 年聘请著名广告公司，耗时 5 个月为其设计新包装。结果没想到，新包装上架后，一个月内销售额下降了 20%，纯果乐只好赶紧把老包装换了回来。

这是怎么回事呢？答案是：好看不卖货。

让我们把老（图 2-3 左侧）、新（图 2-3 右侧）两款包装对比分析一下，看看是什么因素的变化影响了销量。

第一，看主视觉和生动性。

图 2-3　纯果乐橙汁老包装和新包装

老包装主视觉是"橙子插吸管"，生动、具体地传达出"100% 橙汁"的产品核心概念，无须多说一个字，有图有真相，可谓一图胜千言。

新包装主视觉换上了一杯满满的橙汁，虽然鲜亮诱人，但是司空见惯，似曾相识。关键的是没有说清楚这是一款什么样的饮料，设计师只好在橙汁上面写上"100% 橙汁"的文字。

新包装设计师为了追求自己认为的漂亮和创意，把那杯橙汁画面分给了两个立面，这样做太想当然了，没有一点实用性。消费者有多大概率会看到一盒纯果乐橙汁，刚好以 45° 角摆放在货架上呢？几乎为零。

第二，看说服力。

老包装设计是一个巧妙的让消费者自我说服的过程，把吸管插进橙子里，让消费者自己得出结论——没有比这个更新鲜的了，绝对纯天然。新包装只是静态的展现，塞给消费者一个结论，显然没有前者有说服力。

第三，看品牌识别度。

老包装创造了一个"橙子插吸管"的差异化视觉，因为是纯果乐橙汁首创，所以独一无二，成为这个品牌独有的识别符号。

新包装不仅将产品概念表达得毫无创意，而且放弃了"橙子插吸管"的差异化视觉，等于抛弃了之前一点一滴在消费者心智中建立和积累的品牌认知，使品牌资产失去了传承。

还有，品牌名称的设计变动太大，变得不方便辨识了。老包装纯果乐的标识是粗体、居中、水平的，即使消费者站在离货架 1 米的地方，也能看清楚。

新包装呢？字体变细，颜色和背景相近，还被放置在包装的角落里。最糟糕的是，文字是竖排的。难道还要让消费者歪头读 Tropicana（纯果乐）吗？

新老包装在品牌识别上没有连续性、变动太大，老顾客不认识了，之前积累的品牌资产浪费掉了，新顾客不方便识别了。结果，新老顾客在货架上根本找不到他们想买的产品，悲剧就是这样发生的。

设计者煞费苦心地把新包装的盖子改成了橙子的立体造型（见图 2-4），不能说这不是创意，但是这个创意没有处在视觉中心，也无法让它成为中心，因此沦为了雕虫小技，最终增加成本，得不偿失。

综上分析，一部分老顾客由于找不到原来那个熟悉和醒目的、有着差异化视觉的老包

图 2-4　新包装的盖子被改成橙子的立体造型

装和品牌名称，流失掉了。新顾客看到新包装，但由于说服力不及老包装，他们没有被转化成购买者。如此，销量下降就是必然的了。

这个让人感叹惋惜的案例提醒我们深入思考一个"简单"的问题：到底什么是好包装？包装到底是解决什么问题的？

人，常常容易犯一个错误，出发久了，忘记了自己是干什么来的。回归目的，才能看到本质。

卖货，是包装的起点和终点。不卖货，谈好看等其他的因素，包括树立品牌在内的任何重大目的、意义都没有用，都是因果倒置，没有现实的根基。你见过卖得不好却成为大品牌的产品吗？

诚然，卖货不是包装的全部，但是如果不卖货，包装就什么都不是。

广告教父大卫·奥格威在其经典著作《一个广告人的自白（纪念版）》[⊖]中说，做广告绝对不是为了拿奖，广告的目的绝不是让别人评价"这广告做得真好"，这样就完全失败了；广告最主要的目的是让别人问"在哪儿能买"，这才是核心。

同理，在衡量是不是好包装这个事情上，没有任何其他因素可以与"卖货"相提并论。因此，这个观点一经提出，无人反对。

卖货包装，其包装的内容和形式能够快速激发、对接消费者的认知和需求，能够对消费者产生强大的吸引力和共鸣力。这种吸引和共鸣不是停留在表面的视觉刺激，而是传达出了诱人的产品价值和品牌价值，激起了消费者内心的渴望，甚至有一些价值超出了消费者预期，使消费者产生了强烈的购买欲望，立即购买或者形成心智预售。

⊖ 奥格威.一个广告人的自白（纪念版）[M].林桦，译.北京：中信出版社，2015.

卖货，看起来不那么高大上，却是衡量包装的最简单有效、最能反映营销传播本质的标尺。因此，卖货是好包装的第一标准！

不卖货，不与消费者发生关联，不进入消费者的生活，产品和品牌就只是摆设，而不是真正的品牌。

不卖货，企业和品牌都不可持续。本书第一章中的"三个案例让你再也不会小看包装"讲了包装如果不卖货，再好的战略都是空谈，落不了地。

不卖货，什么颜值档次，什么独树一帜，什么品牌形象，就算说上了天都是自嗨，没有意义。

因此，不卖货，是包装设计的一票否决项，没得商量。

全维度视角看包装

有位哲人说过：和青蛙别谈大海，和苍蝇别谈冬天。因为它们没见过。识别好包装和设计好包装，认知必须先行。

你把包装定义成什么，包装就是什么，就会具有什么价值。如果你把包装设计仅仅理解为美化产品，给产品穿一件漂亮的新衣，那么你为包装做出的努力与钻研的方向就会停留在审美层面。包装展现出来的价值也只是赏心悦目、提升颜值而已，给产品和企业做出的贡献不会更多和多元。

如果你把包装设计理解为战略引领下的工具，那么你努力钻研的方向就会有高度、全局性和长远性，视角多元，内涵丰富，价值更大，竭尽包装的所能为销售出力。

卖货是包装的利基点，既是手段也是目的，但不是全部。看包装还应该有高度和从全维度视角出发：要从战略高度上看包装，从营销体系中看包装，从定位和定位配称工具中看包装……只有对包装的认知全面立体，对卖货包装的地位、作用、价值和意义的理解才会准确透彻，对包装优劣的判断才能准确。

包装是战略工具，有些战略就是从包装发展而来的

在现实中，虽然经营者们看起来都很重视包装，但是多数没有站在企业战略和品牌战略的高度上衡量、审视包装，经常把包装看小了、看孤立了，把包装局限在战术层面，与企业战略和战术体系割裂开了，因此包装的地位、价值和作用常常被忽视、低估和曲解。

包装要卖货，而向谁卖货，在哪些渠道卖货，与谁竞争，卖哪个价值点，这些是由企业战略和品牌战略决定的，是由企业实力、品类发展阶段和品牌所处的地位决定的。包装理所应当接受战略指引，与营销传播体系中的其他战术工具一道，各司其职，协同合作地体现战略、落实战略，同时又支撑战略和成就战略。

好想你枣业将红枣做成口香糖式的枣片（见图 2-5），排列整齐地装到烟盒式的小包装里（当然，产品创新在前，包装创新在后），时尚小巧，方便消费，产品就像长了腿一样，走进消费者的各种闲暇时刻，变成了快消品。用现在的话说就是换了赛道，这是战略大动作，年均销售增长率达到了 50% ～ 80%，把原来不被人关注的红枣做出了大市场，做成了大产业。

有朋友会说，这是产品的创新，不要往包装上生搬硬套。好，暂时不做解释，请看现实中的一个案例。

图 2-5　好想你口香糖式的枣片

　　有一个创新产品，将当地特产大红枣做成浓浓的枣浆，改"吃枣"为"喝枣浆"，冲水喝或者加到豆浆、牛奶当中。这种产品想法怎么样？很创新对吗？但是包装太不用心了，企业采用的包装无法让企业的想法实现。

　　这家企业把枣浆装到了大大的广口玻璃瓶子里，又笨又重。结果那些想补血养颜的女士们一看那个笨重的大瓶子就望而却步了。

　　包里放得下这个大玻璃瓶子吗？就算放得下，在办公室怎么用呢？得准备一个勺子，不想浪费的话每次还得舔勺子……

　　就这样，一个全新品类，一个快消线上的潜力新军被严重缺乏战略承载力的包装耽误了。结果，这家小企业拼尽了全力在中央电视台打广告，也没能让这个产品在货架上坚持下来。

产品创新，包装不是旁观者，而是产品的一部分，必须同步跟上。包装必须能够帮助产品、企业实现战略构想，如果包装不用心，就会给创新产品扯后腿，事倍功半。

再看看与"枣浆"很像的蜂蜜产品品牌"慈生堂"是怎么做的吧。

慈生堂是中国第一个获得政府备案并采用"欧盟标准"的蜂蜜品牌，其产品质量好是一方面，为方便白领等消费者在办公、出差等多种场景食用，慈生堂把蜂蜜分装成一个一个的长条小袋（见图 2-6），一次一袋，剪开挤出，干净利落，产品供不应求。

想想看，那个大玻璃瓶子装的"枣浆"与一次一袋的慈生堂蜂蜜比起来，在方便性、销售力上是不是有天壤之别？

当今市场不缺少创新产品，缺少的是一举进入消费者眼中和心中的好

图 2-6　慈生堂蜂蜜长条小袋

产品，而包装就是神助攻，甚至是破门建头功的主力前锋。

所以，营销者对包装的认识一定要准确到位，包装的作用不能被忽视、被局部化、被战术化。

包装设计要有战略高度。包装设计只有把握了企业经营从战略到战术的全部思想脉络之后，才能发挥出它所能发挥的全部能量。所以，包装不能就事论事，不能只见树木不见森林。这是经营者和包装设计者应该建立的战略包装观和系统包装观。

仅仅通过包装就能看出一家企业的品牌营销问题和营销水平，道理就在这儿。

总之，包装是品牌创建、市场营销的题中之意，优秀的包装一定是战略指引下的包装，是战略实施的载体，是落地工具，同时支撑战略和成就战略。

有些战略就是从包装发展而来的，包装从战术上升成为战略。

经典战略专家艾·里斯和杰克·特劳特在《营销革命（经典重译版）》[一]里说："战略应该是自下而上产生的，而不是自上而下。换句话说，战略应该来自对实际的营销战术本身的深入理解与参与。"

"但是，仅有战术还不够。为实现经营的成功，我们必须将战术转化为战略（如果战术是钉子，那么战略就是锤子）。"

跳出包装看包装，包装就不是简单的保护产品的美丽外衣，而是蕴含着立足市场的营销价值和决胜未来的战略价值，包括小罐茶、江小白、爱

[一] 里斯，特劳特. 营销革命（经典重译版）[M]. 邓德隆，火华强，译. 北京：机械工业出版社，2017.

度、金龙鱼和蒙牛在内的众多中外成功案例表明，其成功是把包装战术提升到战略层面上重新匹配资源，即把包装升级为战略的成功。

北京特色休闲食品的领先者、中华老字号御食园首创迷你冰糖葫芦（见图2-7），把流传上千年的北京小吃创新成可观、可含、可玩、一口到胃的现代美食新品类，让原来只能在街边吃的时令产品进入商场，摆上茶几，走上休闲化、方便化和品牌化道路，与现代生活融为了一体。

御食园还首创了小甘薯（见图2-8），将红薯去皮，塑形后烘烤，然后包在糖纸里，一举改变了烤红薯的"烫""粘""脏"的三大原始状态，消费者坐在家里便可随时享受到烤红薯的香甜。

御食园一系列的产品创新和包装创新，改变了这些食品的消费形式和消费场景。从这个意义上说，是包装成就了战略。众多创新的休闲食品，让御食园成为北京特色休闲食品领先品牌。

图 2-7　御食园首创的迷你冰糖葫芦

图 2-8　御食园小甘薯

包装是品牌创建及新市场开拓的利器

宝洁公司前 CEO 雷富礼曾说，赢得消费者只有两个关键时刻，第一个是消费者选择购买产品的时刻，第二个是消费者使用产品的时刻。[一]包装贯穿于这两个重要时刻，在选购和使用中为消费者提供双重体验。因此，包装是极为难得且好用的品牌创建及新市场开拓利器，而且不用额外投入，万万不可忽视。

在产品高度同质化的行业里，任何一点产品之外的创新，包括包装的外观、材料和结构上的创新，都与产品本身的创新同样重要，都值得高度重视。如果包装的改变或者创新给消费者以新的价值认知，打败了竞争对手，提升了企业在行业中的地位，那么包装就是一种极好的具有战略价值

　　㊀　雷富礼，查兰 . 游戏颠覆者：如何用创新驱动收入与利润增长 [M]. 辛弘，石超艺，译 . 北京：机械工业出版社，2016.

的营销工具！

30多年前，中国食用油没有品牌，食用油包装全部是200 L特大号的商用桶，半人多高。老百姓买油时必须自带瓶子到粮油店"零打"（见图2-9）。

图2-9　粮油店"零打"食用油

1991年，丰益国际带着"金龙鱼"食用油品牌来到中国，以5L小包装产品迅速打开市场（见图2-10），彻底改变了中国消费食用油的方式，开启了中国食用油品牌化、小包装化时代。更重要的是成就了自己，金龙鱼在市场上一路高歌，成为"霸主"，其地位至今仍然稳固。

图2-10　金龙鱼食用油5L小包装

可以说，金龙鱼定义了中国食用油包装的规格式样，引领了品牌发展。那么，夸张一点地说，5L 包装就是金龙鱼中国市场营销战略的实施载体、主战工具。

蒙牛在创业初期追赶伊利的过程中，敏锐地发现利乐枕具有超长保质期，可以使储运时间和货架期变长，销售辐射半径成倍扩大，这正是实现它走出内蒙古、走向全国的雄心的好帮手。在其他企业嫌弃利乐枕成本高而多用百利包时，蒙牛毅然决定大规模使用利乐枕（见图 2-11）。从此，蒙牛从大草原向着全国各地一路狂奔，同时极大地促进了草原乳业的发展和产业大集中，并和第一竞争对手伊利共同成长为全国品牌。（许多消费者也许到现在才知道，牛奶的保质期并不是越长越好，高温杀菌会让营养成分受到影响。）

图 2-11　蒙牛使用的利乐枕

包装就是产品及产品卖点

消费者看产品，第一眼看到的是什么？对，是包装。如果营销人员和包装设计者能够让包装在第一时间直接、充分地表达产品功能和品牌价值，凸显差异和卖点，让消费者清晰明白地接收到这些信息，这是不是一种非常聪明、高效的做法？这就好像在体育比赛里赢在了起跑线，也赢在了临门一脚上。

消费者认知产品总是由外而内的，而多数产品其品质差异不突出、不显现，让消费者难以感知。怎么办呢？聪明的经营者就会想方设法地让消费者在使用之前就被吸引，让消费者第一眼就看到产品的与众不同，让产品和品牌的内在优势和差异在第一时间彰显和传播出来。包装就是产品价值的翻译官，是微小优势和差异的放大器，是抬头就能看到、不必到处寻找的大屏幕。

市场上的老牌品牌——农夫山泉，在产品包装上不断进行更新升级，把产品和品牌内涵表达得很好。

长白雪是天然雪山矿泉水，而天然雪山是一种极为稀缺的资源。农夫山泉天然雪山矿泉水用主题"什么样的水源，孕育什么样的生命"来表达水的稀缺和珍贵（见图 2-12）。

图 2-12　农夫山泉长白雪天然雪山矿泉水

农夫山泉颀长典雅的玻璃瓶装水（见图 2-13）在 2016 年 G20 杭州峰会等多个高端场合亮相。这款包装创造性地将长白山（农夫山泉的水源地）的生态文明融入设计之中，展现了长白山的春夏秋冬与自然生态，表达了对栖息于山中的生灵的敬畏，体现了水与大自然、人与水的和谐关系。这些设计透过瓶内水的折射，给人带来良好的视觉观感，极大地提升了农夫山泉的品牌形象。

图 2-13　农夫山泉颀长典雅的玻璃瓶装水

如果产品和品牌本身难以差异化，那么就在包装上差异化。三精制药"蓝瓶的钙，好喝的钙"（见图 2-14）就是靠外观创造差异化，"在产品之外"制造卖点从而让产品大卖的成功案例。

三精制药的"葡萄糖酸钙"与别的企业的"葡萄糖酸钙"有不同吗？没有。药品是一种有着极其严格标准的产品，它的行业属性就是标准一致，做出不同反而不对了。那么怎样把相同的产品卖出不同呢？三精制药和它的营销专家们就在小瓶子的颜色上做起了文章。

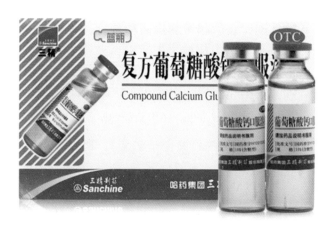

图 2-14　三精制药蓝瓶的复方葡萄糖酸钙口服液

　　第一步，把瓶子做成比较少见的蓝色，直接给了这个产品一眼可见的差异。第二步，把蓝色瓶子直接与价值关联，说"蓝瓶的钙，好喝的钙"。补钙的大多是儿童，孩子爱不爱喝是妈妈们最关心的。就在妈妈们不知道怎样给孩子选此类产品的时候，"蓝瓶的钙，好喝的钙"就成了一个标准、一个理由。

　　事已至此，"为什么好喝"已经不是重点了，加之三精制药通过其他渠道补充传播"'蓝瓶钙'更纯，关键是好喝"，把理由说得严密周全。平时传播的重点则是，因为"蓝瓶"，所以好喝，把蓝瓶与好喝直接画上了等号，令消费者无须思考。从此，"蓝瓶"的卖点让三精制药补钙产品大获成功。

　　营销是生产好卖的产品，那么营销者不仅要让产品做到有价值、有差异，还要善于把产品和品牌的价值和差异传播出来，让消费者看得见。只有看得见才能卖得好，让消费者看见是包装最应该干的活。

包装和产品两位一体，不可分割。就像饺子，如果面和馅分别制作再分别煮熟就不是饺子了。包装对于产品，不是另外的一件事情。包装一定要帮助产品和品牌体现、表达和增加价值和差异，吸引和说服消费者购买产品。

包装不像广告、公关和促销，可有可无、可大可小。包装是营销传播工作中的必选项目，是需要与产品开发和产品上市同步思考谋划的工作（服务类产品的宣传册、教材的封面也是包装）。因此，包装只有做好的道理，没有不用心、做不好的理由。

包装具有定制性。包装不是产品诞生之后才给它穿上的衣裳，而是和产品一同诞生的事物，是定制的、一对一的。产品推向市场后，包装不能像时装、妆容一样，看腻了、心情不好了就换一套，没那么随便和简单。

从这个意义上来说，包装是产品的有机构成，承载着产品和品牌的卖点。没有包装的产品，根本称不上产品。

包装设计是产品设计与开发的延续，伟大的设计公司经常用包装设计来定义产品，给产品赋能，提升产品和品牌的价值。

2000 年于新西兰首发的维生素饮料——脉动，添加了维生素 C、维生素 B_6、烟酰胺等营养物质，包装上有着让人联想激昂澎湃的名字"脉动"（见图 2-15），瓶型是 36mm 广口、600mL 大瓶，从里到外都昭示着该产品的运动与健康的基因，更适合大运动量人士饮用。

这样的包装，能让消费者第一眼就看到它的与众不同，让产品和品牌的优势和差异外在化。这样的包装，是产品也是卖点，既能展现产品功能和目标人群的需要，又能彰显产品和品牌的价值。

图 2-15　维生素饮料脉动

包装是品牌的载体

产品是品牌的载体，包装自然也是品牌的载体。因此，包装图文等构成要素应该具备品牌彰显功能和识别功能，能够传达产品价值和品牌定位，显示品牌个性，建立竞争区隔，创建品牌识别，让品牌资产积累有去处、有载体。

戴维·阿克在《管理品牌资产》⊖中说："有了品牌资产，便可以依照品牌资产路线图来管理其潜在价值。品牌资产也为顾客创造价值，它提高了顾客理解和处理信息的能力，并影响着用户体验的质量，让品牌经营更加长久。"

可口可乐的弧形瓶（见图 2-16），王老吉的红罐（见图 1-1），星巴克的杯子（见图 2-17）……就是重要的品牌资产。消费者不看商标和文字，仅凭包装的外形、颜色和图案就能识别出是哪个品牌。王老吉花费巨大的

⊖　阿克. 管理品牌资产 [M]. 吴进操，常小虹，译. 北京：机械工业出版社，2012.

图 2-16　可口可乐的弧形瓶

精力、财力也要从加多宝手里拿回红罐的独家使用权，就是这个道理。

企业经营的目的不仅仅是卖产品，而是以产品（含包装）为载体，建立与消费者的长久合作关系，建立和积累品牌资产，让企业更持久地经营。

"4P"是现代市场营销中的一个经典概念，也叫作市场营销组合，由四个要素的英文首字母组成，即产品（Product）、价格（Price）、渠道（Place）、促销（Promotion）。这是企业为实现营销目标可控可用的四组手段，将其组合应用可以形成最佳营销方案。

图 2-17　星巴克的杯子

　　有营销传播专家把包装视为市场营销组合"4P"之后的第五个P——Packaging（包装），确实有道理。包装是将产品价值、定价策略、销售渠道和促销策略统筹考虑，为产品和品牌打造一张立体、直观的"脸"，让消费者快速认知和接受。

包装是媒体，是说明书，是货架展示，是导购员……

　　为什么说包装的营销传播作用重要？因为它是消费者接触点传播，拥有赢得消费者的两个关键时刻：第一个是消费者选择购买产品的时刻，第二个是消费者使用产品的时刻。第一个关键时刻又是宝贵的临门一脚式的营销传播机会。

　　包装是媒体，是说明书，是货架展示，是导购员……一心一意忠于"职守"。在消费者购买的前一刻，只有包装与消费者面对面、耐心且持续地传播产品和品牌信息。

　　同时，包装是贴身定制且无额外费用的传播媒体。包装天生具有媒体属性和卖点诉求功能。无论是在终端摆放、被消费者拿到手上，还是被消费者购买回去，包装始终都在免费做着宣传。在低成本、高频次、忠实性上，世界上没有任何一种媒体可以与之媲美，包装简直就是为卖货而生的！

　　此外，终端门头、货架、堆头、详情页也是宽泛意义上的包装，也是媒体，其蕴含着的营销良机胜过许多付费媒体。不是说公众大媒体不重要，而是说首先要把包装这种高效的免费媒体利用好，把包装的效能充分发挥出来。

　　好包装，一定是好广告。

包装集信息传播与产品销售于一身，是真正的"宣销一体"。只要铺货，就相当于有千千万万个忠实可靠的营销员在市场中活跃着、传播着。

许多小企业没有广告预算，包装是向消费者传递产品和品牌信息的唯一途径。可惜，太多时候，包装这种低成本、高频次地与消费者交流沟通、建立信任的手段被浪费了——包装上没有信息或者充斥着无效信息，然后舍近求远地花钱找媒体做广告。

"德青源鸡蛋"是中国品牌鸡蛋的开创者之一，极少花钱打广告。它以包装为媒体免费做广告，主题明确，扎实有序，环环展开，把产品和品牌信息传达得清清楚楚（见图 2-18）。

图 2-18　德青源鸡蛋包装

包装左侧最醒目的信息是"A 级鲜鸡蛋"，最为突出的是大大的"A"。国内鸡蛋达到这个标准的不多，突出这个信息，产品就具备了充分的竞争力。同时，"A 级鲜鸡蛋"正是德青源品牌内涵的一部分。相比起来，品牌"德青源"放在左上角，位置重要，清晰和辨识度足够了，但不必过分放大。

"A级鲜鸡蛋"是怎么来的？或者说，德青源为什么能够出产"A级鲜鸡蛋"？有什么条件和保障吗？有，包装左下方，德青源"A级鲜鸡蛋"来自"100%自有农场　源头品控"，包装马上给出了回答。

有关产品价值的信息传达清楚之后，消费者还想了解什么呢？对，还要求证。产品如何好是德青源自己说的，有什么证明吗？德青源包装上的信任状信息从来不含糊，在包装右上方皇冠图标之下"自2007年起供应香港"，并列有"NSF无抗生素认证"。至此，消费者的顾虑被彻底打消。

包装是企业最重要的媒体，这一点被越来越多的人认识到了。好的包装所传达的内容，其爆发力和持续力往往比短期的商业广告来得更深远，甚至有些广告的素材就来自包装。

在包装上设计创意内容，或者将产品作为社交互动的主角，可以引发分享，形成多次再传播。农夫山泉的歌词瓶、旺旺的民族罐、江小白的表达瓶，把包装的媒体作用发挥到了极致。

一切唤醒和对接需求、传授使用方法、打消疑虑观望、招呼消费者参与互动的工作，包装都能够承担。

包装是你的那个她（他），以貌取人是自然的

认准第一印象是人的认知规律，这在包装上体现得非常明显。正如海飞丝广告语讲的："你不会有第二次机会给人留下第一印象。"

在货架上，在电商目录页和详情页上，包装常常是品牌与消费者的第一个接触点。这时的包装就像你的那个她（他），你与她（他）见面的第一

印象有多重要，包装对于消费者（的认知和购买）就有多重要。

人了解一个事物，一定是由外而内的。第一次接触某个品牌，当然先看外表，也只能先看外表，了解内在是以后的事。

包装与消费者的偶遇、接触，是没有其他传播资源的中小企业的宝贵机会。营销者应该好好利用包装建立理想的第一印象，让消费者"一见钟情"。若机会来了没抓住，也许就没有"以后"了。

包装应该好看、引人注目，但是要注意，这只是最低标准。一要看，好看有没有目的、有没有方向，没有目的的好看是没有用的。不同的好看吸引不同的消费客户，精准吸引才是有用的。二要看，好看是不是在帮助卖货，游离于卖货之外的好看是干扰性元素，会导致消费者误解产品。

我知道我的广告费有一半浪费掉了，但我不知道浪费的是哪一半。[○]

——美国百货商店之父、广告大师
约翰·沃纳梅克

○ 约翰·沃纳梅克，美国人，1838—1922 年，始创第一家百货商店"沃纳梅克氏"，被认为是百货商店之父，同时也是第一个投放现代广告的商人。他说的"我知道我的广告费有一半浪费掉了，但我不知道浪费的是哪一半。"在斯科特·阿姆斯特朗《广告说服力》书的腰封上有记载。

第 三 章

卖货包装的秘密

探寻卖货包装的秘密

包装上的什么吸引了消费者和决定了消费者购买？消费者看到了什么，品牌主做对了什么，包装自己就能卖货？或者从反面说，为什么60%的消费者在货架和电商网页前临时改变了主意？本章将揭示卖货包装的核心原理，揭开卖货包装的秘密。

笔者研究发现，在企业、产品和品牌与消费者购买之间其实有一个巨大的鸿沟，这个鸿沟是信息不对称和彼此不信任。包括包装在内的一切营销传播手段，说到底就是在鸿沟上架桥梁，架起信息传播、信任建立的桥梁。

从这个意义上看，卖货包装必须独立完成吸引引导、传播展示、建立信任等一连串高难度动作。承担这些任务的是图文、外形、结构和材料等组成的信息链，它经过专门设计，按照最容易俘获消费者的顺序，或者说按照消费者对一个产品从认知到信任再到购买的顺序来安排，从而实现包装自动卖货。在现实中，这是一件很有难度的事情，企业大量的营销传播资源浪费在这上面。也就是说，许多企业的包装是低效或无效的，包括包装在内的营销传播费用多半被浪费掉了，一直没有找到正确的方法，没有在通畅沟通、赢得信任、实现交易上取得突破。

这就给每一位企业人和包装设计师提出了一个课题：到底怎样才能做出一款卖货的好包装？卖货包装是怎样解决问题的？如果这些问题不搞清楚，做广告、做包装就是白做，浪费金钱、时间和机会。

谁掌握了让消费者省心、放心的沟通技巧，谁就掌握了卖货包装的核心密码；谁能够大幅降低消费者理解、信任的成本和难度，谁就拿到了打开产品和品牌畅销之门的钥匙。

好包装自己会说话，好包装自带信任状，好包装自动促进成交。

第一个秘密：卖货包装有"五力"

笔者研究发现，通常来说，优秀的卖货包装拥有五种力量：吸引力、需求力、选择力、信任力和传播力（见图3-1）。"五力"是卖货包装的核心信息，是卖货包装的第一个秘密。

关于对本书"信息"一词含义的说明。

本书讲的包装上的"信息"，多数是指广义上的信息，即不仅包括图文信息，还包括设计师所能调动的其他设计要素——外形、结构和材料，通过消费者的视觉、触觉等，被感知到的、解读到的带有暗示性、意向性或者约定俗成含义的信息。也就是说，包装的所有设计手段、设计要素传播出来的含义、暗示都是信息，因此包装设计的所有要素不是没有含义的或可以随意改变的纯粹形式上的东西。

传播力：喜爱并愿意传播的力量
一个品牌产品让消费者满意、快乐，以此为傲，他们就会愿意分享。同时，包装好记，甚至具有话题性，其传播力就强

信任力：令人坚信不疑的力量
包装要有预见性，要自带强有力的信任状，主动证明包装上说的是真实的，打消消费者的疑虑，消除成交隐患

选择力：选择品牌的力量
彰显个性差异，提供选择品牌的理由。这是推动消费者从"购买什么"的思考进入"购买哪个品牌"的决策的力量

需求力：有用，被需要的力量
包装必须明确品类，展现功能价值，唤起消费者的消费欲望，对接消费者的需求

吸引力：引起注意的力量
"看什么不重要，看到什么才重要。"卖货包装首先要有吸引力，先入眼，后入心

⑤ 传播力
④ 信任力
③ 选择力
② 需求力
① 吸引力

成交

卖货包装"五力"
包装有"五力"，卖货更容易

图 3-1　卖货包装拥有五种力量

上面说到的"'五力'是卖货包装的核心信息"，就是这样的信息。

例如，礼盒包装新颖的外形和结构，高档酒包装用的特殊材料和专项工艺（见图 3-2），看上去就有一种奢侈感。这种让消费者感知到的奢侈感就是信息。

再如，红色在中国代表喜庆，那么红色就是一种信息，人们看到红色就能够感知到节日般的红火、热闹、吉祥和喜庆。萬阖源蒸碗包装铺满了大红色（见图 3-3），因为吃蒸碗是陕西一带过大年的习俗，萬阖源蒸碗的包装自然喜气洋洋、红红火火。

图 3-2　高档酒包装

图 3-3　萬阖源蒸碗红色的包装

图 3-4　儿童强化、低脂和全脂牛奶

再如，一些产品包装上有卡通插画，萌萌的（见图 3-4）。这些产品多为儿童食品或玩具，插画和文字传递出来的童趣，吸引着孩子。这些都叫信息。也许包装上永远不会出现"幼儿""儿童"字样，但大人和孩子都知道这是为小朋友设计的。

本书中提到的"信息"还有一种情况是狭义的，把"信息"作为与"视觉设计作品"相对的一个概念来使用。这个狭义的信息一般是指对事物的概括、定义或描述，用来说明一件事物中的抽象的、内在的内容，如概念、想法、观点、主张、价值取向等。所谓"设计"就是要把抽象的、概念化的信息，转化为具象的、可视的和外在的视觉设计作品，如一个标识（Logo）、一个吉祥物、一个主视觉、一款包装等。

回归正题。

审视一款产品包装是不是卖货，有必要假设一个前提，即把包装之外的各种传播推销手段全部抽离，没有广告，没有导购，没有直播，没有降价，没有买赠……如果只靠货架上的包装就能够清晰地介绍产品和品牌，就能够吸引并打动消费者，无障碍地成交，这样的包装才称得上是合格的卖货包装。

这就像"1"和"0"的关系。产品、品牌和包装就像"1"，广告、导购、直播、降价、买赠……是"1"后面的"0"。只有"1"正确、立得住，在"1"后面加"0"才有意义，否则无论做多少工作都是无用功，因为"0"后面加多少"0"还是"0"。

消费者的目光在货架上扫过，分配给每款产品包装的机会时间平均不到 1 秒。消费者的目光停留在某款产品上，最初停留的时间不超过 3 秒，从货架上把产品拿到手里，看一看、想一想，决定是否购买，最长也就一两分钟……中间发生了什么？是包装上的什么力量促使购买发生了呢？或者反过来说，缺少了什么信息导致消费者根本就不会理睬、不会购买？

笔者研究的结论是，卖货包装拥有的五种力量在依次发生作用。

吸引力

什么叫有吸引力？19 世纪美国著名作家亨利·大卫·梭罗曾经说过："重要的不是你看了什么，而是你看到了什么。"[⊖]看了什么表示浅层看的意思，看到了什么含观察、发现之意。

每天映入眼帘的东西无以计数，这只是看。只有在意识层面被注意到了的事物才是看到，说明其有吸引力。

包装（产品、品牌）的吸引力就是这样非理性、无理由、直观，让人

⊖ 梭罗. 瓦尔登湖 [M]. 刘绯，译. 石家庄：花山文艺出版社，1996.

一见钟情。消费者没有刻意寻找，而是偶然相遇后引起注意并进入心智的，这才叫有吸引力。这是一件非常不容易做到的事。

　　卖货包装首先要有吸引力，先入眼，后入心。先吸引消费者注意，像孔雀开屏一样主动吸引别人，然后才有机会传达价值。一个产品尤其是新产品如果没有吸引力、不入眼，没有在吸引力上胜出，后面的事情就不会发生。

　　包装创造吸引力的手段包括色彩、动感化、创意外形、简洁化、超现实表现、幽默、夸张等。

　　下面三款包装设计作品（见图3-5、图3-6和图3-7），放在货架上极具吸引力，因为消费者很容易发现它们，产品容易被"看到"。同时，不需要任何解说，产品的核心概念、品类价值和差异化卖点就一目了然了。

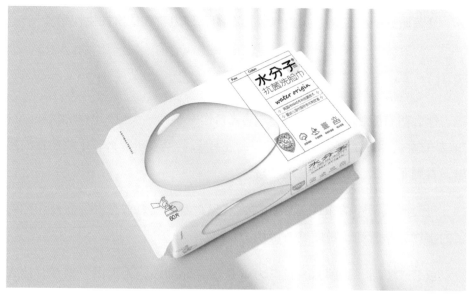

图 3-5　水分子抗菌洗脸巾

图 3-6　东村红椒粉

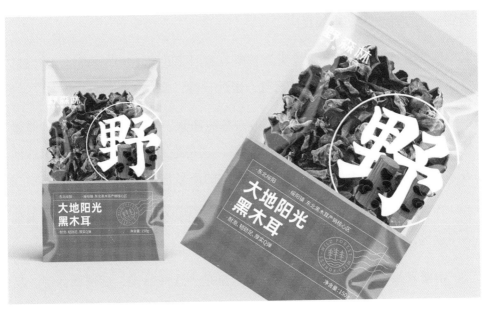

图 3-7　野森林大地阳光黑木耳

需求力

一个产品只有有用才能被需要、被购买。因此，包装必须明确品类、明确功能价值，唤起消费者的消费需要和欲望，对接消费者的需求，进入消费者脑海中的候选名单。

这是一种由需要、欲望构成的需求作用于消费者的力量，包装展示出的价值越多、越大，越符合并超出消费者预期，激发出的欲望和需求就越大，对消费者的诱惑力也就越强，这就是需求力的力量。

当包装吸引消费者注意之后，消费者对该包装产品和品牌的关注便开始由表及里，由眼入心，包装与消费者的信息沟通开始走向深入。

消费者被包装吸引，拿起产品仔细看包装。此刻，他脑海里首先浮现出的问题是："这是什么？"消费者一定会这样想，因为这是消费者第一次看到一个产品之后的本能反应。

消费者第一眼看到"翻个儿"黑豆豆腐时（见图 3-8），一定会被"翻"字所吸引，不由得想：这是什么呀？走近一看，噢，这是黑豆豆腐。

"这是什么？"问的是产品品类，是纯净水、矿泉水、橙汁还是能量饮料？卖货包装必须先于品牌明确品类，这是绝大多数包装应该注意的地方，除非你的品牌大如可口可乐，同时你的产品市场成熟如"汽水"。

许多企业认为，既然品牌重要，那么包装就要优先突出品牌，结果陷入了误区，欲速则不达。

消费者接受商品信息是有顺序的，总是先选择品类，后选择品牌。品类是指"这是什么"，干什么用的，对接的是消费者的既有认知和有可能的潜在需要。先要看看这是什么，自己需要不需要，然后才是选择哪个品

图 3-8 "翻个儿"黑豆豆腐在销售终端

牌，购买不购买。

注意，这里消费者思考的是需要不需要，这个功能、这类东西，还没有到选择不选择哪个品牌的时候。不知道是什么，知道是什么但不需要的，都没有选择品牌的事。因此，没有需要做前提，品牌就是 0，半点作用都不会有，根本没有机会进入消费者的眼和心，购买不会发生。

某恋果乳饮料早在 2003 年年初便投放市场，可惜，作为含乳饮料品类开创者，从产品包装到央视广告都没有集中力量传达自己是什么，对消费者有什么好处，而是大肆渲染"我 M 恋你很久了""初恋般的感觉"，想当然地与消费者套近乎，希望消费者能够记住和爱上自己。其实消费者一直对此感到不解，许多人至今不知道它是什么东西。

2004 年 10 月，娃哈哈含乳饮料登场了（见图 3-9）。这种饮料叫什么，是什么品类呢？娃哈哈给它起了规范的名称，叫作"果汁牛奶饮品"

（见图 3-10 ），还怕消费者不明白，再写上"香浓牛奶 + 纯正果汁"。这时，消费者的脑海中已经有了清晰的概念，既不是纯果汁，也不是纯牛奶，是果汁 + 牛奶。哇，应该很有营养啊。

图 3-9　娃哈哈营养快线

图 3-10　营养快线的包装清晰地表明自己是什么

最值得称道的是，企业非常用心地为产品起了一个小名——"营养快线"，形象、独特、实效。这就出现了一个神奇的结果，谁都可以做果汁牛奶饮品，但是娃哈哈的营养快线只有一个。

各种媒体广告宣称营养快线"比果汁更好喝，比牛奶更营养"，让消费者明确地知道这是一款富含营养的含乳饮料，不是色素、香精调配出来的甜水。

为了打消消费者的顾虑，包装亮出了事实证据：15 种营养素。同时，广告反复提醒消费者"早餐喝一瓶，精神一上午"，产品价值、饮用场景说得清清楚楚，完胜某恋不知所云的所谓情感诉求，从此营养快线后来居上成为含乳饮料的领头羊。营养快线年销售额最高达 120 亿元，占到娃哈哈总营收的 1/4 以上，成就了一个奇迹。

需要不需要是第一级筛选（当然这里还包括欲望和需求，暂不展开），是"入围赛"。品类清楚，其价值、功能、特色、价位符合或者超出消费者预期，使其产生了欲望、需求，消费者才会进入第二级筛选，才会了解各品牌之间"有何不同"，并决定购买哪个品牌。如果品类信息不清楚，那么产品在第一级就被消费者无视掉了，失去了入围资格，也就没有了后来。

消费者选择购买某个品牌的产品，归根结底是这个产品为消费者创造的价值大于消费者付出的成本，用经济学术语表达就是，消费者获得了消费者剩余。如果消费者意识到购买你的产品得不偿失，交易就不会发生。简单通俗地说就是：值，就买；不值，就不买。

消费者需要不全是天然就有的，有些得经过启发和激发才会出现。

许多产品蕴含着伟大价值，但是消费者不知道，全行业不重视，这些价值需要营销者通过包装、广告、公关、直播和导购员把价值转化成为或者说激发成为消费者的需要和欲望。有了欲望，没有需求也会变得有需求，从无所谓变成"我想要"。例如，NFC 果汁不经过浓缩还原，营养和口感没有损失，这个价值逐渐被消费者认知和接受。现在，农夫山泉的 NFC（见图 3-11）、"17.5°橙"和汇源 NFC 销售得越来越好。

图 3-11　农夫山泉 NFC（非浓缩还原果汁）

　　充分展现价值，激发欲望对接需求，有时会让消费者等不及与同类产品做比较就要购买，是欲望让他产生了冲动。例如，有的消费者看到了拥有三个摄像头的新款手机，就是忍不住要换手机。

选择力

　　消费者在确定购买什么之后，包装需要彰显个性差异，展示相同中的不同，为消费者提供选择自己的品牌的理由，推动消费者从"购买什么"的思考进入"购买哪个品牌"的决策。

　　选择品牌是需要理由的，这个理由就是该品牌的个性化差异，就是

"有何不同"。这个理由也许不是更好的，但一定是不同的，因为不同胜过更好。

产品品类价值是同类产品的共有价值，如手机都能够通话。除非品类开创者产品进入市场的最初阶段，否则品类价值不是消费者最终决定购买的因素，而是进入候选范围的因素，品牌的个性化差异才是消费者选择购买的关键因素。市场上一类产品不止有一个品牌，消费者有选择的权利和选择的兴趣，品牌选择才是购买决策的最终选择。

品类价值让品牌进入消费者的候选范围，品牌差异才是让消费者决定掏钱的直接理由。因此，选择力是包装中最重要的内容之一。

包装要告诉消费者这个品牌"有何不同"，能够为他们提供什么样的不同价值，从而让消费者完成品牌选择。这在非创新品类市场是"规定动作"，要主动提供和必须提供，不可或缺。除非你想考验消费者的智商和耐心，不打算赢得消费者的青睐。

一瓶乳酸菌饮料即使具备由乳酸菌发酵、口味酸甜、颜色乳白或者炭烧色等乳酸菌饮料的全部价值和特征，也不能成为购买理由，它只是这个产品能够摆到货架上的一个基本的条件，得到了和其他乳酸菌饮料同场竞技的机会，获得了被消费者选择的可能（见图 3-12）。消费者购买某个品牌，一定是因为被那个品牌的某个个性化的价值点所打动。

美国乳酸菌饮料品牌界界乐拥有 60 多年的历史（见图 3-13），采用新西兰进口奶源和有着 100 多年历史的美国丹尼斯克优质菌种，拥有 240 天常温超长保质期，这是国产许多品牌不具备的。界界乐有原味、草莓味、蓝莓味、杧果味和水蜜桃味 5 种口味，每天变换，选择更多。这些因素中的某一个或者多个因素，成了消费者最终选择界界乐的理由。

图 3-12　明确是乳酸菌，获得了被消费者选择的可能

图 3-13　美国乳酸菌饮料品牌界界乐

同样是酸奶，"如实"是无任何添加的"纯净发酵乳"（见图3-14），每盒内带一小包蜂蜜，价格有点高，但是它仍然成为消费者追求品质生活的高端消费之选。

图 3-14　光明如实——无任何添加的"纯净发酵乳"

同样是赣州的橙子，农夫山泉的橙子宣称甜酸比是17.5°，并且直接把橙子命名为"17.5°橙"（见图3-15）。即使许多橙子品牌也能生产出同样甜酸比的橙子，但是农夫山泉率先说出来了，这个差异化概念就属于农夫山泉，也成为消费者选择它的理由。

同样是土鸡蛋，秦岭农夫是秦岭深山出产的土鸡蛋（见图3-16），非常新鲜，两个小时送下山（见图3-17）。于是，秦岭深山独一无二的生态环境，两个小时送下山的新鲜保证，成为秦岭农夫特有的为消费者准备的购买理由，从而让产品大卖。

当然，在竞争市场中，一个品牌不可能拥有打败所有竞争对手的购买理由。苹果手机好，但是价格高，注定要舍掉一部分消费者。你的购买理由只能保证吸引到重视你的品牌个性差异的那一部分消费者。

图 3-15　农夫山泉 17.5° 橙

图 3-16　秦岭农夫秦岭深山土鸡蛋

图 3-17 "秦岭农夫土鸡蛋，两个小时送下山"

信任力

卖货包装还应该提供证据，主动证明包装上说的都是真实的，消除消费者的戒心，避免王婆卖瓜。

当包装传达出产品具备某种优异特性、独特价值，"炫耀"自己有何不同时，消费者通常会打个问号："凭什么相信？""何以见得？"信任力就可以解决这个问题。

包装和广告一样，所有信息都是品牌自己讲出来的，怎么能够让消费者坚信不疑呢？办法是，让包装自带信任状。

包装要主动向消费者提供让品牌价值与定位可信的佐证，即信任状。证据越权威、越容易被验证，包装的信任力就越强大；证据越有预判性（预见到消费者在这里会产生疑问），消费者顾虑就越少，购买就越迅速，成交率就越高。

信任状共有三种：品牌有效承诺，消费者自行验证和可信的第三方证明（见图 3-18）。

信任状的三种类型

信任状，让品牌价值与定位可信的佐证

品牌有效承诺	消费者自行验证	可信的第三方证明
显性承诺： 免费试用 / 试吃 不满意退款，按效果付费 有条件或无条件退换货 **隐性承诺：** 创始人 / 企业声望背书 专用资产：企业、门店等 注册资本规模	**产品：** 本体、包装、场所、服务 **体验：** 现场体验，过往经验 **能见度：** 渠道、媒体、行为剩余 **关联认知：** 消费者常识，类聚现象	**其他消费者：** 典型消费者、成功案例、口碑 **中立第三方：** 新闻报道、导购品牌、 统计机构、资质 / 牌照 **非中立第三方：** 担保方、知名合作方、 强媒介广告、名人代言

图 3-18　信任状的三种类型

卓越的营销者早就把消费者研究透了，事先掌握了消费者最容易产生疑虑的地方，信任状一定会被安排准时出现。

信任状是卖货包装必须事先准备好的说服理由。消费者容易疑惑什么、担心什么，包装就要准备消除什么，在第一时间把消费者的疑虑打消，消除最后一个成交隐患，从而让消费者愉快踏实地来到付款台前。

新产品、新品牌经常做的先尝后买、不满意可退货退款、双倍返还、质保承诺等，都是有效的信任状，是在临门一脚时做的说服和证明工作。

至此，"吸引力""需求力""选择力""信任力"依次发生作用，引导消费者成功跨越"沟通和信任的鸿沟"，付款成交，或者形成心智预售。

上述四力缺失任何一力，都会让成交成为泡影。

传播力

　　一个品牌产品让消费者满意、快乐，以此为傲，消费者喜欢向朋友们分享。同时，包装好记，甚至制造了话题，那么消费者就愿意主动分享和传播。这时可以说，这个品牌产品和包装拥有传播力。

　　产品和包装是品牌的实体化和形象化，包装在让消费者感知品牌的同时，又让消费者对品牌的感知有地方积累，所以包装是品牌资产的超级载体，其作用甚至比标识，比主视觉强大得多。又因为包装是宣销一体的，所以包装总是能够帮助品牌在消费者心智中不断强化认知，积累美誉，形成品牌资产，产生心智预售。通俗地说，包装就是品牌曝光率最高的广告，几乎等于品牌本身。与其说消费者记住了品牌，不如说记住的是包装；与其说品牌资产积累在注册商标、标识图形上，不如说品牌资产积累在包装上。

　　品牌宣传者对于包装的品牌资产积累性和品牌传播性，多么重视都不过分。

　　一款包装只要好卖、好记，自然好传播。

　　好卖是包装的起点和终点，是好包装的第一标准。怎样做到好卖？包装一定要为第一次遇到它的消费者提供结构完整、清晰有力的信息，即包装"五力"中的前四力，要一次性传达完整、到位。从吸引注意、关联需求、彰显差异到消除戒心一气呵成，让销售无障碍，除非这个产品不是消费者需要的。

　　好记是指在包装设计的某一方面给人留下深刻印象，有时是包装创意外形，有时是色彩色块，还有时是标识等。总之，一款包装至少要有一个亮点让人过目不忘。

产品好，包装又好记，自然好传播，消费者也愿意传播。如果有话题性，甚至值得炫耀，那么将更好传播。

塞上青禾黄花菜新包装（见图 3-19）在问世后出现了一个有趣的现象，消费者在互相推荐时会说：这家的黄花菜好，不是熏出来的。这是包装上的广告语起了作用。广告语说"先蒸后晒不熏硫，塞上青禾黄花香"，这是消费者重视的愿意为此买单的，这是设计者为消费者准备好的传播话语。

好传播的包装，不断地为品牌资产做积累，这样品牌才能实现畅销和长销。

图 3-19　塞上青禾黄花菜新包装

从设计角度来讲，好记的记忆点从哪里来？

可能来自包装的创意造型，可能是色彩色块，也可能是创意图形，还可能是标识，（当然也可能是品牌名称，这不是本书的重点）这些品牌视觉的记忆点（品牌主视觉和品牌识别）为传播力插上了翅膀。

可口可乐是可乐品类的开创者，其率先使用的弧形瓶（见图3-20）极具传播力，沿用至今，成为可口可乐的品牌符号。

1977年，可口可乐弧形瓶成为注册商标，仅有极少数的包装设计能获得这样的肯定。曾有一项调查显示，超过99%的美国人仅凭包装的外形就能辨认出可口可乐。

弧形瓶承载着几代消费者的记忆，成为可口可乐的品牌载体。在消费者心智中，正宗的可乐就应该是这个样子的。

图3-20 可口可乐独有的
标志性弧形瓶

1993年，20盎司⊖的塑料弧形瓶诞生了（见图3-21）。如同1915年玻璃弧形瓶的诞生，塑料弧形瓶让可口可乐与其他饮料再度区别开来。

传播力既关乎当下——在市场中凸显存在感，助推热销，又关乎未来——品牌资产从此有了载体，品牌认知加载在外形上、色彩上、图形

⊖ 1盎司≈28.35g。

上，不断地在消费者心智中强化，使品牌资产得到不断积累。

图 3-21　可口可乐 20 盎司的塑料瓶依然延续了弧形瓶造型

　　松鼠爱吃坚果，那么用"三只松鼠"作为坚果品牌，用三只可爱的小松鼠作为品牌形象（见图 3-22），既合理，又好记。"三只松鼠"品牌名字（注册商标）和好记的三只有个性的小松鼠品牌形象，帮助"三只松鼠"成为坚果领导品牌。如今，品牌名称和标识仍在不断地帮助企业累积"三只松鼠 = 坚果""三只松鼠是坚果领导品牌"的心智资产，持续夯实和深化品牌认知。

图 3-22　坚果品牌三只松鼠

吸引力、需求力、选择力、信任力和传播力五种力量，让包装成为"三好学生"——好卖、好记、好传播，从而让品牌产品实现更多、更快、更贵、更省力和更持久的卖货。

卖货包装，不是停留在花哨炫目的表面上，也不是设计一件供顾客把玩的艺术品，其核心目的和作用是高效传达消费者最关心的信息，让消费者无障碍地秒懂产品和品牌，让消费者发现、共鸣甚至惊喜，接着提供让消费者放心的证明，打消其顾虑，最后发出购买指令，让消费者放心无忧地购买，或者形成记忆，建立心智预售。

任何品牌的成功，都是从物理战场向心智战场转场升级的成功，拥有"五力"的卖货包装能够让品牌在消费者心智中完成注册。

下面，以"水分子抗菌洗脸巾"包装为例说明吸引力、需求力、选择力、信任力和传播力在一款包装上是怎样表现的（见图 3-23 和图 3-24 ）。

图 3-23　水分子抗菌洗脸巾包装

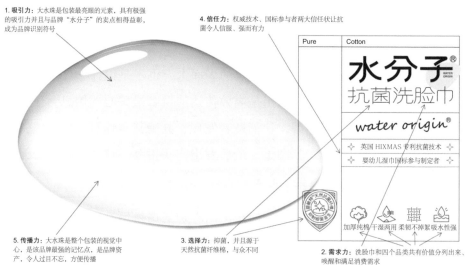

1. 吸引力：大水珠是包装最亮眼的元素，具有极强的吸引力并且与品牌"水分子"的卖点相得益彰，成为品牌识别符号

4. 信任力：权威技术、国标参与者两大信任状让抗菌令人信服、强而有力

5. 传播力：大水珠是整个包装的视觉中心，是该品牌最强的记忆点，是品牌资产，令人过目不忘，方便传播

3. 选择力：抑菌，并且源于天然抗菌纤维棉，与众不同

2. 需求力：洗脸巾和四个品类共有价值分列出来、唤醒和满足消费需求

图 3-24　"五力"在水分子抗菌洗脸巾包装上的表现详解

第二个秘密：包装信息的价值分级和排序

从卖货角度看，包装是以图文信息为主要构成的信息链。包装设计师不仅要知道包装上什么信息能够卖货，还要懂得把卖货信息按照重要程度和消费者接受的次序规律来进行分级和排序，让卖货信息在包装上有主有次、有先有后、有详有略地呈现出来。这一切都是为了使图文信息高效传达。

包装要有"五力"，"五力"齐全、扎实有力，这是卖货包装的第一个秘密。

"五力"齐全之后，还需要对"五力"及其他信息进行分级和排序，让信息井然有序、高效传达，这是卖货包装的第二个秘密。

消费者思考和接收包装信息的顺序和方式，决定了包装设计和传达信息的顺序和方式。

包装设计一定要运用外部思维，即消费者喜欢、理解、好记和相信什么信息，设计师就提供什么信息；消费者重视什么信息，设计师就放大什么信息；消费者怎样思考，设计师就怎样排序。

如果对包装的卖货信息平等对待或者主次颠倒，即便卖货信息该有的都有，包装也不会达到理想的沟通效果和取信效果，包装卖货的效果将大打折扣。

重要的、关键的信息要突出、要放大、要优先说，这是再浅显不过的道理了。但是，突出什么、放大什么、谁先谁后，其中的道理和依据是什么，这才是思考的难点，包装设计师要找到排序依据和标准。

分级，是按照性质和重要程度对包装信息分出几个级别。排序是在每一个级别里，对具体的信息做出主次、先后顺序的安排。

包装信息按照重要程度分为三个级别

优秀好用的包装以卖货为目的，按照消费者接收信息的规律和重要程度（消费者认知习惯、思考顺序和信息在消费者购买决策时的权重）对包装信息从重要到次要划分三个等级。

第一级：消费者最关心的"五力"卖货信息。

"五力"信息是直接的卖货信息，最重要，因此全部是一级信息，包括以下内容：

吸引力——引起注意的力量，只有先被发现，才有后来。

需求力——有用，被需要的力量，回答这是什么、有何功能价值的问题，这是激发和对接需求的信息，包括产品通用名称（品类名称）等。

选择力——选择品牌的力量，彰显品牌的个性差异，回答这个品牌有何不同的问题，提供选择品牌的理由，包括品牌名称等。

信任力——令人坚信不疑的力量，提供包装上说的产品优势和差异等的真实可信的证据，打消消费者的疑虑。

传播力——喜爱并愿意传播的力量。产品和包装让消费者满意、快乐并以此为傲，消费者愿意分享。同时包装独特、好记，有话题性。

这里说的信息，多用图文形式传达，但不限于图文，还包括外形、材料和结构。

还有，在一款包装中，"五力"也不是平均使用的，还要继续选出一个重点，下文会讲到。

第二级：消费者关心的其他产品信息。

包括以下内容：

1）花色、品种。

2）克重、容量（这是消费者考察性价比的重要内容）。

3）产品种类、配料表、营养成分表。

4）使用方法。

5）保存方式、生产日期、保质期、注意事项。

6）品牌商（委托单位）、地址。

7）生产商、生产地址。

8）服务热线、二维码。

第二级信息虽然没有重要到直接影响消费者的购买决定，也不是每个消费者都关心的，即使关心也不会逐项仔细研究，但是绝对不能没有，因为消费者在使用时，"心血来潮"想仔细"研究"一下，这些信息应该准确地存在。这些信息客观地反映了产品品质、生产情况，通常是高忠诚度、挑剔的消费者关心的内容。

一家饮料经销商转型做甜牛奶，但没有与奶业"大咖"正面比拼的背景、资源和能力，它在包装上应该表现出哪个优势呢？或者说哪个优势值得拿出来炫耀一下呢？这是中小企业常常面临的问题。

经过仔细研究，项目设计组终于在原料上找到了可以拿出来说的事实——纯正优质新西兰进口奶粉（见图 3-25）。这虽然不是了不起的优势，但是说和不说大不一样，站在消费者的角度看非同小可。有了优质原料，就有了可以信任的基本条件。设计师在包装上使用了英文，与本土老牌竞品相比，增加了一分洋气和时尚气息。产品投放市场后，非常畅销。

第三级：生产、流通和监管各环节要求的规范性信息。

图 3-25　原料来自新西兰的优质甜牛奶

包括生产许可、执行标准、条形码、技术说明等。

这些信息与消费者关系不大，消费者也看不懂，它们是生产监管、商业系统要求的规范性信息。

分级和排序的三个要点

分级和排序有三个要点：

第一，每一款包装的分级数量都是一样的，都是三个级别。在设计卖货包装时，对第一级信息尤其需要高度重视。

第二，每一级别里的信息排序不是固定的。每一款包装解决的重点问题不一样，突出的重点就不一样。找到并确定这个重点，是卖货包装的奥秘和设计难点所在，也是包装策略重点要解决的问题。

第三，一款包装只能突出一个重点。

现代管理学之父彼得·德鲁克说：卓有成效的管理者总是把重要的事情放在前面先做（First things first），而且一次只做好一件事情（Do one thing at a time）。

在包装设计中，一定要从第一级信息中选出最重要的给予突出，将它作为本款包装设计的任务重心。在可能的情况下，这个信息重点也会被设计转化为包装的视觉中心，成为视觉的第一聚焦点。

一款包装必须有重点，并且只能有一个重点。这个重点一般是本款包装在本阶段要着力解决的突出问题。多重点就等于没重点，多中心就是分散消费者的注意力。

为了强调这个重点，强有力地解决问题，还可以创造出有销售力的广告语放在包装上。

康师傅方便面最经典、最受欢迎的口味是红烧牛肉面。在销量上成为行业标杆后，康师傅自信心爆棚，当仁不让地定义这个口味，在包装和各种广告上的广告语说："就是这个味！"（见图3-26）在口味上树立行业不可超越的黄金标准。定义方便面行

图 3-26　康师傅方便面包装上的广告语"就是这个味！"

业红烧牛肉面的口味，是这款方便面的首要任务。在全局上，这款方便面承载着康师傅引领整个方便面行业的战略任务。

在中国西北地区，过年过节吃蒸碗是传统习俗，老字号品牌"萬阖源"蒸碗在其发源地陕西蒲城很受欢迎，于是决定向全省大规模推广，这种顺理成章的事应该没有问题吧，有！

既然消费市场是现成的，那么新包装的任务是，让消费者记住"萬阖源"就是蒸碗，蒸碗就是"萬阖源"。但是"萬阖源"中的"阖"字许多人不会念，致使品牌难被记住，无法传播，企业为此伤透了脑筋。

在"阖"字旁边加注拼音？当然行，但是这个办法不巧妙、不美观。有没有更好的办法？有了！一提起"阖家欢乐"没有人不会念，借助大家熟悉的句式把"阖"字融入，消费者就会念了。于是包装上充满了红红

图 3-27　"萬阖源"蒸碗阖家欢乐包装

的喜庆色彩，非常吻合蒸碗的消费时刻，大大的"阖家欢乐"四个字（见图 3-27）像是为包装点明主题。品牌"萬阖源"蒸碗就立在"阖家欢乐"旁边，这时还有人不会读"阖"吗？

设计小组一不做二不休，在包装上再加一条广告语：阖家欢乐幸福年，蒸碗就吃萬阖源。

这句广告语一举两得：一来用大家耳熟能详的语句进一步重复"阖"字的发音；二来在过年过节的美好时刻给出消费指令，提示团圆的时候要吃蒸碗，蒸碗就吃萬阖源。

一个重点怎么选择和确定

一款包装的重点信息从哪里来？怎样选择和确定？当然是从第一级信息的"五力"中来。"五力"中谁都有可能成为第一重点信息，关键要看本次包装要解决的最重要的问题是什么。

品牌重要，所以应该把品牌名放得最大吗？还真不一定。让哪个信息成为整个包装的重点和视觉中心，是由产品营销传播的具体需求决定的。产品营销传播需要着力解决的问题在哪里，设计师就应该把视觉中心设定在哪里；传播沟通的难点在哪里，设计师就应该把设计的重点放在哪里。

一款包装到底应该突出哪个重点，如果不深入思考会感觉很简单，不外乎五种情况：突出吸引力、突出需求力、突出选择力、突出信任力、突出品牌识别和传播力。

事实并非如此。推导出来的结果确实很简单，但是得出结果的过程却异常复杂。因为确定一款包装要解决什么问题，是从企业、产品、消费者、经营者、竞争者和替代者等数十个因素中分析推导得来的，各种因素排列组合形成的情况多到可以再写一本书。本书实难做到把导致上述情况的条件和分析、决策过程一一穷尽地展示出来，太复杂、太烦琐了。

　　下面，笔者用举例说明的方式讲解选择和确定重点的几种常见情况，希望企业家朋友们能得到启发，并从中举一反三，体会和掌握筛选包装第一重点的内在逻辑。

● 新品类

　　开创或者进入新兴品类市场，由于品类价值不被人熟知，那么无论是大品牌，还是小品牌，进入这个市场都要优先传播品类价值。只有这样才能最大限度地获取品类红利。因此，激发欲望、对接需求是包装的第一重点。

　　包装设计要符合消费者的认知规律和接收信息的顺序，新品类产品必须先让消费者知道是什么、干什么用，消费者才会判断需不需要。消费者总是先想品类后选品牌，在没搞清这个产品是什么之前，品牌对消费者来说基本上是无感、无用的。因此，包装重点信息排列第一位的应该是"需求力"，包括品类（品种）名称、品类价值（品类首要价值或者称为品类代表性价值）、适用人群、使用场景和使用方法。这时品牌就要"委屈"一下退居其后了。

　　兰屋品牌把原来医美专业领域里的"外泌体"技术移植到家用美容市场，开发出外泌体面膜等家用美容系列产品。在家用美容品市场推广尚处于萌芽阶段的"外泌体"品类概念和品类价值，是本次包装设计的重点，因为销售的突破口在这里。

　　占据和传播品类价值的捷径是将品牌名称品类化。例如，竹叶青茶、周黑鸭、德州扒鸡，让品牌与品类合为一体。

基于这个原理，设计小组首先明确这个品牌名称要含有"外泌"。外泌是这个品类的核心词，如果能够把这个词品牌化，植入其中，对品牌主来讲将占尽便宜，可以节省大量的推广费用。

经过对外泌体的研究，设计小组发现它最核心的能力是增强细胞活力、修复细胞。经过斟酌，最终设计小组给产品品牌起名为"外泌之力"（见图3-28）。

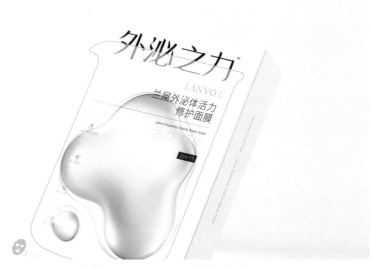

图 3-28　关键词"外泌"植入品牌名称之中

外泌是这个品类和技术的核心词，将"外泌"两个字嵌入品牌名称，让品牌装扮品类、最大化地占据品类、代表品类和传播品类。

客户对"外泌之力"这个品牌名称赞不绝口，不停地说这个名字太值钱了。

心得：如果能用品牌名称解决问题，决不采取其他方法。因为品牌名称是传播的利器，时时刻刻在传播，同时又能积累品牌资产。

在品牌名称之下，设计小组一不做二不休，用规范的产品名称"兰屋外泌体活力修复面膜"再次传播品类和品类价值。

"兰屋外泌体"是企业已经成功注册的商标，设计小组建议把注册商标"屈尊"嵌到产品名称中使用，得到企业领导的赞同，不得不说这家企业的领导具有很强的营销感悟能力。这样处理，不仅再次传播了外泌体，还因为"兰屋"在医美市场中享有一定的知名度，形成了"兰屋"对"外泌之力""外泌体"这个前沿概念的关联和托举。

有朋友要问了，既然"兰屋外泌体"已经注册了，直接用它做品牌不好吗？其实，设计小组对这个事情做过斟酌。一是"兰屋"原来是做专业线的，在家用美容市场尚无影响力。二是"外泌之力"比"兰屋外泌体"简洁，更有功效感。

产品核心概念确定了，包装的图形设计便围绕"外泌体"展开。

外泌体是一个专业概念，怎样让它具体化、生动化和可视化呢？设计小组设计了一个形象符号——"双层蓝色水泡"来代表外泌体。同时，画面整体用单线勾勒出一个符号化的大烧杯（见图3-29）。

烧杯是消费者熟知的事物，可以联想到科学实验、前沿科学等概念。烧杯的符号让消费者明确地感受到这个产品是高科技的、领先的。

在这种科学认知的氛围中，懂不懂外泌体已经不重要了。兰屋通过用熟悉的事物化解消费者对外泌体的生疏和戒心，与消费者迅速达成了沟通和认同。

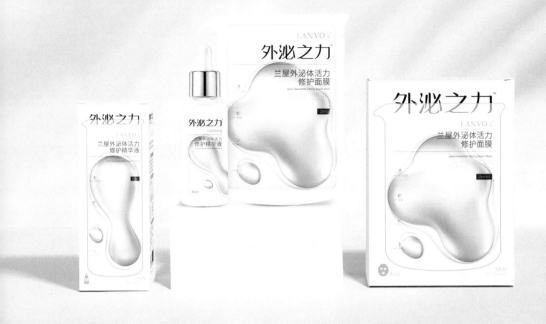

图 3-29　外泌之力面膜主图

老品牌、知名品牌推出新品类产品，突出品牌还是突出品类？答案还是突出品类。

农夫山泉是中国第一个成规模推出 NFC 果汁的品牌。可是在包装上，品牌名称"农夫山泉"很小、很低调，设计师把主要力量都用在了传达品类上。包装上最突出的是 NFC（Not From Concentrated，非浓缩还原果汁），表达的是品类的基本价值——非浓缩还原。

农夫山泉等优秀品牌在品类和品牌的关系上处理得很恰当。这些品牌深知，品类是需求，品牌是结果，只有消费者消费产品之后才会形成品牌印记。

因此，老品牌在推出新品类产品时，千万不要高估品牌的作用。品牌的作用不会大到让消费者不思考自身的需要、需求，就跨过品类直接选择品牌。因此，在包装上不要用品牌价值代替品类价值，品类是绕不过去的。要先把产品的品类价值传达清楚，让消费者判断需不需要，老品牌只是增加信任，起到背书的作用罢了。

如果你在新品类产品推广之初，把品牌和品类信息的顺序和重要程度弄反了，就是自己制造沟通障碍，因为这是反逻辑的，欲速则不达。

农夫山泉的钟睒睒堪称营销传播大师，他推出的每一款新产品在包装上都有着高水平的表现，都是按照消费者的选择逻辑去安排和传播信息的。

再强调一次，在开创新品类之初，品类比品牌重要，毫不夸张地说，品类是品牌生长的土壤，没有品类，品牌什么都不是。

三元的两款高端牛奶（见图 3-30）也在突出品类名称和品类价值，包装正面找不到"三元"两个字，子品牌"极致"也远没有品类名称" BiO 有机鲜牛奶""A2β- 酪蛋白鲜牛奶"突出。

图 3-30　三元的两款高端牛奶包装着力突出品类信息

由于"有机""A2β-酪蛋白"只有少数企业做得到，A2β-酪蛋白奶源更是稀有，乳品高端市场的经营和竞争在品类层面展开，于是三元着力经营和传播品类，消费者看到了、了解了、购买了，三元就赚到了。这时品牌的作用无须用于差异化竞争，只是品牌无形资产积累的载体，消费者的认知和好感将积累到品牌上。在只有少数企业有资源、有资格做的市场中，包装如果突出品牌，反而在产品和消费者需求之间多了一个层级，显得不直接了。

● 新品类之形，老品类之实

还有一种产品是，有新品类之形，其实还是老品类之实。

这种产品在形式上像品类创新，但实际上只是老产品的新集合或者新销售模式，品类价值没有本质的变化，与老品类大同小异，人人皆知。这时根本不用传播品类价值和品牌价值，当务之急是抓紧把品牌与品类挂钩，形成一对一的关联。这是抢做品类"老大"最直接、最高效的方法。

例如，随着人们健康意识的增强，消费者发现不能只吃白米、白面了，而是应该多样化。于是，在粮食市场出现了一个以杂粮或者粗粮为标签的细分品类，如五色米、杂粮面等。

这时，进入这个市场的品牌应该优先传播什么呢？传播粗粮的健康、搭配的均衡吗？传播品类价值就能代表这个品类吗？

不能，因为说了和没说一样，这个品类的价值人们已经熟知了。

从品类价值中找出一个品类特性，说自己在这方面更擅长、独一无二。这也不对。

品类中都没有代表品牌，为什么要一头扎到细节中自己捆住自己的手脚，只做一个个性分化的小市场品牌？

这时，应该依据企业利益最大化的原则，直接把品牌与品类挂钩，让品牌代表杂粮，进行强关联。这样，消费者才容易通过搜索找到这个品牌，假以时日，品牌就会成为品类的代表。

● 老品类新品牌

如何在一个成熟的老品类市场取得一席之地？答案是主动分化品类！品牌要集中全部力量传播分化的品类价值，当仁不让地做分化品类的代表。

猫砂是为宠物猫准备的，用来掩埋猫粪、尿液的具有吸水抑味作用的颗粒状物质。这是一个老品类。

显而易见，每款猫砂都会提及卫生、抑菌、除味，这是猫砂都具备的价值，已经被消费者熟知，于是"抑菌猫砂"品类分化条件已经成熟。利多公司此时推出抑菌猫砂，可谓恰逢其时。

那么如何让利多猫砂脱颖而出呢？设计公司和利多公司的领导商量后做出如下决定。

第一步，把产品直接定义为"长效抑菌猫砂"品类（见图 3-31），旗帜鲜明地分化出一个新品类。不仅抑菌，还是长效抑菌。

利多猫砂经过全球权威检测机构 SGS 检测：无毒、无黄曲霉毒素、无刺激、无重金属，能够实现长效抑菌。别的企业只是把抑菌作为特色和功效之一，利多猫砂则把它作为分化的产品品类名称固定下来，在包装上彰显出来。

　　第二步，让品牌与品类直接挂钩，代表品类价值。

图 3-31　长效抑菌猫砂

　　利多公司为猫砂准备的品牌名称叫作"朏然"。"朏朏"是中国神话传说中一种长得像猫的神兽。虽然寓意不错，但是"朏"不好读，多数人也不知道它是什么意思，设计公司果断否决。

　　经过头脑风暴，"小卫士"浮出水面（见图3-32），双方一拍即合。

　　品牌名称"小卫士"和产品品类名称"长效抑菌猫砂"放在一起简直是绝配。随着市场扩大，消费者极有可能直接用"小卫士"代替"长效抑菌猫砂"称呼产品。也就是说，长此以往，在消费者眼里，小卫士就意味着长效抑菌猫砂，就像消费者说给我来桶"康师傅"，没有人会想起方便面以外的东西。

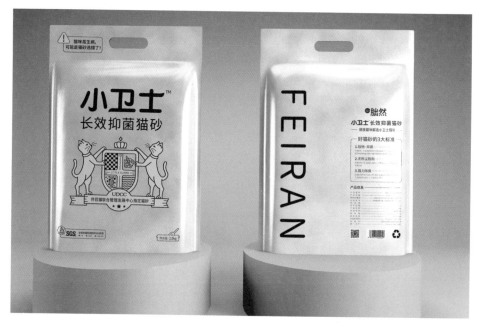

图 3-32　小卫士长效抑菌猫砂

设计师一不做二不休，在包装正面左上角写上警示语："猫咪易生病，可能是猫砂选错了！"用"恐吓"的办法，激起消费者选猫砂要抑菌的需求，强化小卫士是"长效抑菌猫砂"的定位。

包装设计箴言：创新品类，传达品类价值；熟悉品类，放大购买理由。

● 品类霸主品牌在成熟市场

如果一个品类发展多年，消费者非常熟知，同时市场竞争格局已经稳定，品牌占据着数一数二的市场地位，那么包装只需要突出品牌商标就够了，因为消费者购买已经变得简单，指名购买。

例如，对可口可乐和百事可乐来说，可乐是什么，口味如何，无须多说，包装的全部力量都放在展示品牌信息上。大大的品牌字体和图形标识，而"汽水"两个字小得几乎可以忽略（见图 3-33），有就好，这是规范，品牌才是重点。

图 3-33　可口可乐包装上的"汽水"两个字

对王老吉和加多宝来说也是这样，用不着强调这是凉茶，两者的重点是突出品牌，别让消费者搞错了（见图 3-34）。

图 3-34　王老吉和加多宝的包装

品牌越知名，越能够代表品类，其商标作为品牌的识别物被记住、被传播的作用就越大，通常在包装设计中直接放上商标就等于搞定了一切。苹果、耐克、麦当劳都是如此。

● 只在电商平台销售的产品

如果一个产品只在电商平台上销售，那么包装的第一重点就是创意设计品牌（视觉）识别，让品牌好认、好记、好传播。因为电商拥有丰富的手段和充足的时间传播品类价值、品牌差异和信任状等。相比之下，包装所能承载的信息太少，能使用的手段有限。纯电商产品的包装，只需要集中力量创建品牌识别就好，这才是包装最应该承担的重点任务。

包装设计的内容与重点，在线下实体商铺和在线上电商平台中是不同的。

在线下，如果没有促销员，包装几乎是产品与消费者沟通的唯一工具。即便有广告投放，广告与终端货架在时空上是断开的。因此，让包装自己卖货的图文设计很重要，"五力"信息必须齐全。尤其是对接需求的品类信息和选择品牌的差异化信息，一点都不能含糊。信息不全、信息不清，消费者就无法判断和选择，继而无法完成购买。

在线上，情况大不相同。电商拥有异常丰富的营销传播手段，使营销传播生动、高效、全方位。

以淘宝、京东传统电商为例，消费者想在其上买什么，首先搜索品类关键词。这时，消费者看不到包装，关键词与包装信息也没有必然关系。消费者搜索出来的内容是店主事先设置过的。店主设置什么关键词，消费者就能搜索出什么关键词和关键词所关联的店铺和产品。以厨房去油剂为例，各店主会把"重油""去污""强力去油污"等消费者经常想到、用到的关键词与店面关联起来。这样，消费者无论搜索哪个词，都能关联店铺。

接着，被搜索出来的各店铺像豆腐块一样布满搜索页面，这时显示的包装很小，无法传播信息。消费者能够看到的信息，是各店家专门提炼、设置的关键词和推销词。

选择一个店铺单击进入产品详情页，就进入了这个店铺精心准备的产品和品牌信息。这是一片信息的海洋，图片、文字、动画、视频全方位展示和介绍，信息充分，生动形象，这是静态的包装完全无法比拟的。

在店铺页面头部，首先让消费者知晓品牌和标识，然后有店铺的导航，便于消费者快捷搜索。

在店铺页面侧面，有客服中心、宝贝分类。

在详情页面，有详细的产品和品牌介绍，图片、文字或者视频展示齐上阵，生动地介绍产品特点和使用方法。

详情页中还有尺寸选择、颜色选择、场景展示、细节展示、搭配推荐、好评截图、包装展示等。

在页面尾部，还有购物须知、注意事项等。

抖音等兴趣电商更是真人出镜，以短视频、直播等空前强大的宣传手段，声情并茂地以音视图文直接刺激消费者，激发其兴趣和需求，绕过理性思考，直接促成购买。

在电商时代，电商的图文、视频和直播在传播信息、说服消费者方面，拥有史无前例的丰富性、快捷性、生动性和大信息量，包装在这方面无论如何也不能与之平起平坐，真的比不过。包装在传达信息、说服消费者上的作用被大大地替代了。不是包装不再需要这些信息，而是重点改变了，电商平台的包装必须突出一个重点——品牌识别。

电商平台上的包装，只要能够让消费者一眼望过去瞬间记住、过目不忘，集中力量做好品牌识别的作用就足够了。这是它在电商时代应该做的并且能够做好的事情。其他信息的传播交给电商平台完成。

无论是传统搜索电商，还是新兴的兴趣电商，其消费者无论是搜索产品，还是撞上直播，都不需要依靠包装上品类信息和品牌信息的引导，也无须依靠包装上的信息获得信任，这些都交给平台。包装的唯一任务是，让消费者这次看到或者下单的"螺蛳粉"，在下次想吃时能够想得起，一眼就记住这个品牌包装的样子，让复购不再流失，实现品牌认知和品牌无形资产的积累，实现持续的心智预售。

请看一个真实的案例。

"厨房油污净""洗碗机用洗碗剂""管道疏通剂""洁厕剂""洗衣机槽清洁除菌泡腾片"……在电商平台上，这些品类有品类"霸主"吗？消费者有指名购买的习惯吗？品牌忠诚度高吗？回答是否定的。

"清新日记"的经营者发现这是一个机会，决定聚焦"家居植物清洁"概念，跨品类地将多种家庭清洁用品聚拢到"清新日记"一个品牌旗下，在线上清洁用品市场里，做三只松鼠坚果品牌一样的抽象品类品牌。设计公司经过调研，认为这是可行的，接受了这个具有挑战性的包装设计委托。

如上分析，线下、线上不同的售卖环境，拥有不同的宣销逻辑，包装

图 3-35　清新日记

突出不同的表现内容和视觉重点。线上电商平台拥有丰富、生动的宣销手段，包装在这方面是比不上的。包装只需要集中力量完成它能够胜任的工作就行了，这就是品牌识别（请参考本书第五章中的"图文设计"）。

电商包装应该做到的是，只要被消费者遇到，就能让消费者记住，在视频、直播"嘈杂"的环境里能够被一眼记住，下次能够被一眼认出。

品牌叫作"清新日记"，品牌个性差异是采用了橘油等天然原料的"植物清洁"。设计师为品牌创意设计的品牌视觉识别是"植物清新"感觉的花边，完美实现了跨品类的品牌个性与品牌识别的统一（见图3-35）。

所有产品包装都采用同一个花形图案，不同品类采用不同的色系，如"厨房植物泡沫油污净"采用绿色，"强效除菌洁厕灵"采用浅蓝色。同一品牌下的各种产品，拥有统一的花边图案作为视觉识别，把各种产品关联起来，让人一看就知道是同一个品牌的产品。

用统一的花边式的图案作品牌识别，在清洁产品里绝无仅有、独树一帜，的确做到了让消费者过目不忘。

"清新日记"的品牌模式是"一牌多品"，其包装设计难度远远比"一品一牌"大得多。设计公司成功协助客户在家居清洁用品领域首创抽象品类品牌，并在包装设计思路上为同行树立了标杆。

总结：包装一定要为第一次遇到它的消费者提供结构完整的信息，即"五力"信息要完整且清晰有力。从吸引注意、关联需求、彰显差异、消除戒心到方便传播一气呵成，让销售无障碍，只要消费者隐约有需求，那么包装就让他一眼爱上，并且买完了还乐意分享传播。这样的包装才是好包装，才能卖货。

包装传达卖货信息，除了在结构要点上一次性传达完整、到位之外，还要在不同情况下，有不同的重点。什么是重点？重点就是一款包装要解决的最重要的营销问题。如果是新品类，无论新老品牌的包装，信息重点都是品类价值，勾起需求；如果是老品类新品牌，那么品牌的差异、个性才是重点；如果是老品类"霸主"品牌，那么很简单，重点是突出品牌；如果售卖环境只有电商平台，那么品牌识别是重点。

所谓效率，可以说是"把事情做对"的能力，而不是"做对的事情"的能力。[⊖]

——现代管理学之父 彼得·德鲁克

⊖ 德鲁克.卓有成效的管理者 [M].许是祥，译.北京：机械工业出版社，2018.

第 四 章

卖货包装设计的起点：包装策略

一款卖货包装设计是怎么来的？有人抢答，是懂营销的设计师设计出来的。

这么说也对，但是本书想要探究的是，一款卖货包装为什么这样设计而不那样设计？为什么设计出来的包装，有的能够提升产品和品牌价值，赢得消费者青睐，像长了嘴巴一样介绍自己，让产品大卖特卖，有的却让消费者视而不见、提不起兴趣，或者让消费者顾虑重重，导致产品滞销。包装卖不卖货的根本原因是什么？差距是从哪里开始产生的？什么决定了卖货包装设计的思路和方向？

笔者的答案是：包装策略。

什么是包装策略

先讲一个故事。

20 世纪初，美国福特公司正处于高速发展时期，客户的订单堆积如山，公司开足马力全力生产。突然，生产线上的电机出了毛病，生产被迫停了下来。公司调来大批检修工人反复检修，又请了许多专家来查看，但怎么也找不到问题出在哪儿。公司高层心急如焚，每一分钟都在蒙受巨大的经济损失。这时，有人提议去请著名物理学家、电机专家斯坦门茨试试。反正也没有更好的办法，公司急忙派人把斯坦门茨请来。

斯坦门茨要了一张席子铺在电机旁，聚精会神地听了 3 天，然后又要了梯子，爬上爬下忙了多时，最后在电机的一个部位用粉笔画了一道线，写下："这里的线圈多绕了 16 圈。"人们依此检修，令人惊异的是，故障真的排除了！工厂再也没有发生同样的故障。

福特公司的经理问斯坦门茨要多少酬金，斯坦门茨说："不多，只需要1 万美元。"1 万美元？就简简单单画了一条线！当时福特公司的薪酬是月薪 5 美元，这在当时已是很高的工资待遇了。画一条线就要 1 万美元，这是一个普通职员 160 多年的收入啊！斯坦门茨看到大家迷惑不解，转身开了个清单：画一条线，1 美元；知道在哪儿画线，9999 美元。福特公司经理看了之后，欣然照价付酬，并且重金聘用了斯坦门茨。

卖货包装的设计也是一样，动手之前，需要花大量的时间和精力进行调研、分析和策划，明确本次包装的目的和重点要解决的问题，并且找出用包装解决沟通和销售问题的办法。这个过程笔者称为制定包装策略，就像斯坦门茨花三天时间研究电机故障产生的原因，找到问题所在，然后才拿出在指定地方减少 16 圈线圈的解决方案一样。

包装策略的定义

俗话说，想清楚才能做明白。笼统地说，包装策略是包装设计动手之前"想"的工作,是包装设计公司针对本次包装设计给出的调研结论和包装应该怎样设计的策划方案、任务大纲,是为什么要这样设计而不那样设计的推理、分析和结论,是卖货包装设计的依据,是为设计师提供的基础信息和设计思路方向。

包装策略对行业之外的人来说是看不见、摸不着的,也不会写在包装上,但是卖货包装是依据其策略设计出来的。先有卖货包装策略,后有卖货包装设计。

下面,笔者总结一下包装策略工作:

图 4-1　卖货包装的设计从想到做示意图

包装策略工作紧紧围绕本次包装设计的市场目的,对企业、消费者和市场进行调研,搞清企业、消费者和市场的基本情况,为设计师提供准确信息,策划卖货包装"五力",列出需要用文字和视觉元素表达的内容清单,对图文信息进行价值分级和排序,找到并确定重点或者差异化概念,并为设计师在目标任务、品牌识别、主视觉、风格调性及包装的外形、材料和结构等方面提出原则和方向(见图 4-1)。

简而言之,明确包装设计

目的、思路和方向，决定包装上的主要文字信息，提出视觉元素设计思路的方案，叫作"包装策略"。

包装策略要有目的性、针对性和实效性

但凡优秀的文艺作品一篇文章、一幅画、一部电影、一本小说都有背景，都是作者想通过作品表达某种主旨，即作者的主要想法，作品的细节、画面、故事都是紧紧围绕这些目的和想法展开的。

包装也是一样，有一种东西指引着包装设计，虽然没有写在包装上，但是包装的设计是紧紧围绕它展开的，这个东西就是包装策略。所以，包装策略要有目的性、针对性和实效性。

卖货包装设计一定要回归包装的商业目的，以终为始，不能一上来就扎到具体的图文细节当中去。包装设计要与公司经营战略、品牌定位一脉相承，应该而且必须能够表达企业的战略、产品开发、品牌构架、营销传播、市场机会与竞争、目标人群和消费场景等全部意图。包装设计方案是对公司资源、竞争环境、消费需求综合思考的结果，与其他营销传播工具保持协同、同向发力，从而实现预想中的市场意图。

所以，卖货包装必须有全局观和系统观，包装要体现战略、落实战略，同时又支撑战略和成就战略。

包装不能就事论事，不能偏离战略另搞一套。偏离战略的包装无论多么漂亮都是没有意义的，不会为企业经营加分，只会浪费企业的资源，分散消费者的注意力。因此，设计包装之前要先想对，只有想对才能做好。想对，就是策略思考；做好，就是具体设计。

包装策略是包装设计的构架蓝图和思想内核，是卖货包装之魂。

当今，企业负责人感受到了异乎寻常的压力，营销创新、品牌升级的冲动非常强，甚至有些浮躁、慌不择路，如打线上广告、更新网站、尝试社群、忙着直播、做视频号……想到的都想试试。许多企业频繁地优化、更换包装，但始终在战术层面上打转，缺乏从战略高度向下打通的体系化思考，品牌定位不清，战略路径不明。结果钱没少花，包装和其他营销传播力量各弹各的调，没有集中到一个点上发力。企业看不到效果，又不停地寻找新的突破口……

没有卖货策略指导的包装设计，就是撞大运，就是用美术美化的功夫去做创建品牌和提升销量之梦。

如果说包装设计的工作成果是看得见摸得着的包装作品，那么包装策略的工作内容就是外界看不着的内容，是暂时落在纸面上的内容，但最终，经由设计师调动包装四要素（图文要素、外形要素、材料要素和结构要素），将包装策略以目标对象最容易接受的方式，尤其是视觉设计手段在包装上表达出来。

厨邦酱油想要传达的"晒足180天"的酿造工艺是策略，而在瓶颈上展示的"大晒场"图片和字样、瓶贴上展示的桌布底纹是设计（见图4-2）。

包装策略工作的成果

策略师是卖货包装的总编导、总策划，而设计师就像演员和工程师，两者完美配合才会出品包装杰作。

策略应该完成哪些工作，取得哪些成果呢？下面是包装策略工作的内容，其形成的结论性文件叫作"包装策略简报"。

图 4-2　厨邦酱油包装的策略和设计

1）明确本次包装设计的战略目的、市场意图，搞清企业和产品的优劣势，目标人群及其消费习惯、消费场景，主销渠道和终端，竞争对手和品类竞争阶段，同类产品价格和在价格上的优劣势等。

收集基本信息既是策略工作的第一步，也是设计工作的基础。包装设计公司和客户签约后的第一件事就是发给客户"包装策略问题信息表"（请见书后附录 B）请客户填写。通过此表，包装设计公司能够简要了解与包装设计工作相关的产品、企业、消费者和竞争对手的基本信息，之后根据需要再决定是否做深入调研。

2）规划包装"五力"。包装"五力"在包装信息的价值分级和排序中是第一级重要信息，"五力"用什么表现和怎样表现，是包装策略工作的重点，决定着包装设计工作的成败。

①筛选确定品牌名称（注册商标），同时思考品牌定位，提炼差异化价值。

有时需要帮助客户重新起名，有时还包括起产品小名。

有一款来自石榴之乡临潼的石榴汁饮品，品牌名一直叫"丹若尔"，没人知道这是什么意思，也不好记。原来，"丹若尔"是石榴的别称。在企业和设计公司商讨之初，设计公司就提出必须换掉"丹若尔"。换一个什么名呢？项目组在企业已经注册的商标里发现了一块金子——"御石榴"。太棒了！这个品牌名第一个字"御"，暗示这款石榴与皇家的关系，放在临潼（兵马俑、华清宫所在地）地域背景下，为包装设计提供了丰富的价值支撑和极大的想象空间、创意空间。

包装上设计了杨贵妃的形象（见图 4-3）。这是一段杨贵妃和"御石榴"的故事，让消费者对这个来自陕西临潼的品牌浮想联翩。从此，"御石榴"品牌有了来头、有了说法。

图 4-3　御石榴原味石榴汁包装

广告语"看兵马俑，逛华清宫，喝御石榴"更是锦上添花（见图4-4），
给来到临潼的消费者以强有力的消费理由和消费指令。

图 4-4　御石榴石榴汁海报

如果品牌名称有先天不足，却不能更换，那么可以在品牌名称之外用
文字和视觉的办法做一些暗示和弥补。

"把家还"是一个花果茶品牌（见图4-5），但是品牌名与花果茶在含
义上没有关联，像是完全不相干的两件事，给消费者的感觉不好，包装就
要把这个问题解决掉。

图 4-5 "把家还"花果茶包装

设计师巧妙地用陶渊明的一首诗："采菊东篱下，悠然见南山。山气日夕佳，飞鸟相与还。"配上诗意的画面，把品牌和产品融为了一体。

②确定品类名称，同时思考品类价值是什么，要不要提炼和表达。

③挖掘产品的信任状，同时思考怎样表达信任状。

上面说过的内容，涉及包装"五力"中的需求力、选择力和信任力，那么"吸引力""传播力"怎么表现？主要依靠设计师运用视觉手段来完成。例如，本书前面已经提到的"水分子抗菌洗脸巾""翻个儿黑豆豆腐"的包装设计，单单在视觉上就创造了很强的吸引力和传播力（见图 4-6 和图 4-7）。

还有，包装流露出来的档次、调性，展示购买和使用人群的喜好、偏向和共鸣等内容，都主要依靠设计师通过图文、外形、材料和结构等一种或多种手段来实现。这些手段多是艺术的、感性的、间接的，是让消费者体会和感知后得出结论，而不是直接用文字塞给消费者。在包装上直接说

这是高端的，那是高性价比的；这是民族国货，那是异域精品；这是自购
自用，那是体面礼品……这样是不行的。

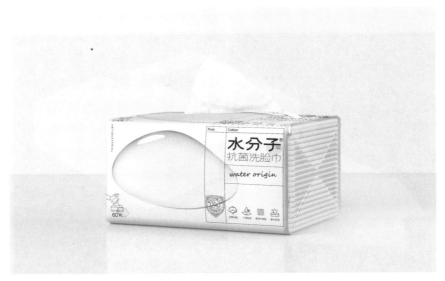

图 4-6　水分子抗菌洗脸巾

图 4-7　翻个儿黑豆豆腐

例如，极简极致的设计经常给人的第一个直觉是高档，虽然包装上找不到高档两个字，但是设计师运用设计语言，清晰地传达着"高档"的信息，每个人都能感受得到（见图4-8、图4-9、图4-10和图4-11）。

图4-8　苹果手机包装极简极致

图4-9　六燕亭燕窝包装用单色表达高档

图 4-10　道九道黄精包装

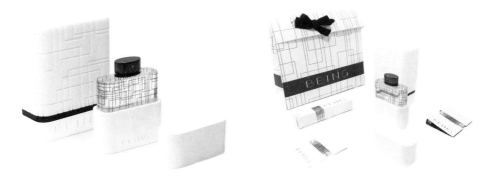

图 4-11　国外一款香水包装

再比如，给小朋友吃、用的产品的包装多为暖色，颜色明快，图案柔和、温馨或热闹，经常有卡通插画，充满着生趣，一眼望过去就是儿童食品、用品（见图 4-12 和图 4-13），包装上完全用不着写"儿童专用"。消费者感受到的，是设计师运用设计手段让消费者感知的，然后消费者自己得出这是儿童用品的结论。

图 4-12　采用设计语言在包装上表达出儿童食品

图 4-13　采用卡通插画的儿童食品包装

3）确定包装信息的第一重点，同时为品牌视觉识别设计指出方向。

第三章的"第二个秘密：包装信息的价值分级和排序"中讲到，一款包装传达的信息必须而且只能突出一个重点，这个重点在第一级信息包装"五力"中产生。

同时，包装的信息重点也在为包装的视觉识别设计指出方向，经常直接将包装信息的重点创意转化为视觉元素。

黄天鹅在中国首创"可生食鸡蛋"新品类，包装的信息和设计全部围绕"可生食鸡蛋"品类价值展开，此时品牌与品类的关系，是品类带品牌（见图4-14）。

图 4-14 黄天鹅可生食鸡蛋包装

首先，设计师在包装的中心位置醒目地写上"引进日本38年可生食鸡蛋标准"。这句话包含了"可生食鸡蛋"品类名称，并且传达了这个品类和标准来自日本技术成熟的地方的信息。

紧接着一排小字，提示核心目标人群是"孕妇、孩子"，以及他们最看重的价值——"不含沙门氏菌"。

在包装中心的下部，设计师把黄天鹅可生食鸡蛋最重要的差异化价值有条理地排列出来（见图4-15）。更安全：不含沙门氏菌，孕妇孩子食用更安心；更好吃：无蛋腥味，白水一煮就很香；更营养：含有天然类胡萝卜素，蛋黄天然更黄。这等于把目标人群最关心、最需要的价值又强调了一遍，让人一目了然。

图 4-15　黄天鹅可生食鸡蛋最重要的三个差异化价值

包装设计师使用包装最中心的位置，全力传播品类名称和品类价值。一举将黄天鹅可生食鸡蛋与普通品牌鸡蛋分开，凸显不可替代的价值与优势。

黄天鹅在传统且巨大的3000亿元鸡蛋市场里异军突起，仅用三年便打开了市场，成为高品质"可生食"鸡蛋的代表。

4）确定包装外形、材料、结构等，综合考量投入与成本以及和企业生产线匹配等。

上述包装策略内容，严谨周密地回答了这样设计而不那样设计的理由和依据，构建了吸引、说服消费者的完整的信息闭合链环。严格按照上述策略内容设计包装，就能做到依据扎实、理由充分、卖点鲜明，从而实现卖货。

策略是设计师可依据的设计方向，同时留有充分的创意设计空间。

包装策略工作的重点是规划卖货包装设计所表达的内容，一般不会涉及创意和设计上的具体表现。在策略形成阶段，需要兼顾考虑的是策略概念是否容易具体化和视觉化，即是否有转化的可行性。

包装策略是包装设计的规定动作

包装策略是卖货包装设计必做的功课，无论向不向甲方客户呈现，无论客户大小、收费高低都必须做。

卖货包装设计，最终给甲方客户拿出来的是一套或者几套作品，最多十多页文件，但是在动手设计之前，必须进行大量的对企业和产品、消费者和市场等全方位的调研和思考，每一款包装都理应贯彻企业的经营思想，体现品牌战略意图。因此，包装策略的工作量与包装设计的数量没有直接关系。哪怕只设计一款包装，也要把企业内外包括全行业的、产品和品类的、竞争对手和目标消费者的所有情况都梳理一遍、分析一遍，找出本款包装设计最容易卖货的内容和形式。包装再小，策略的功夫也不能省。

有人说，我设计包装从来不想策略。这不值得炫耀。没有策略，包装就像大海里没有目标的船，任何方向的风都是逆风，设计就是开足马力瞎闯，成功就变成了撞大运。

包装讲策略，包装要卖货，体现了负责任的包装设计公司对包装落地与实效的追求。因此，卖货包装设计师从来不会一上来就扎进色彩图文的设计之中，而总是首先以卖货为目的进行策略研究和思考，为客户的成功加上一道保险。

那些直奔设计而来，不懂得用策略指导设计，只想快点设计、快点出作品的企业，需要补上策略这一课，为企业节省资源，减少时间和金钱的浪费。

包装策略谁来做

客户自带策略

一些客户自带策略请设计公司做包装设计。这些客户在行业深耕多年、市场直觉准确，而且始终学习，自己摸索总结的经验方法暗合市场营销规律，制定的包装策略符合企业和竞争实际。

客户带着靠谱的策略委托设计公司做包装设计，设计师当然省心省力。客户在介绍企业、产品和市场情况之后，直接交代包装策略。

本着对客户负责任的精神，笔者在服务客户时仍然从专业角度义务地为客户把关，像自己做策略一样对客户带来的策略审慎地思考和研判，在发现问题或者有自认为更好的策略意见时，直接提出来，经过客户认可并达成共识后，再进入设计阶段。

包装设计公司的策略和依据是从哪里来的

本书的重点课题就是包装策略是从哪里来的？这里需要展开说一说。

策略师的想法是从哪里来的？凭什么他的想法可以卖货？他比别人高明吗？为什么可以相信他的策略是正确的？有什么办法判断他的策略是不是正确的？

策略师的策略不是凭空而来的，他并不比别人更聪明，只是术业有专攻而已。

策略师的策略思考必须基于两个前提要件或者说两大依据：一是真实准确的情况；二是针对情况，熟练运用已被实践证明正确的营销传播规律。

用八个字概括就是：摸准情况，用对规律。

正确的包装策略从根本上来说，来自经典品牌营销传播定律和规律，绝大多数不是公司自己的发明创造。世界上没有那么多的新事物、新规律，变化的多是形式。同时需要策略师拥有数十年的营销实践经验，以保证能够准确地判断事物，正确地运用规律。

包装策略师调动的不是他一个人的大脑，而是全人类创造并积累的市场营销、品牌创建的智慧财富；不是策略师有多高明，而是他运用的品牌营销定律和规律不可抗拒，必须恪守！

例如，包装"五力"是在冯卫东先生《升级定位》⊖中的"品牌三问"基础上，加上包装必须有的"吸引力"和品牌记忆与认知积累需要的"传播力"发展而来的。"品牌三问"研究发现了消费者的购买规律，是消费者面对陌生品牌最关心的、必问的三个问题，这是包装与消费者沟通最重要、最优先的内容。

> 小贴士：品牌三问
> 品牌三问是冯卫东先生在《升级定位》中提出来的观点，他认为，当消费者首次听说一个陌生品牌时，通常会提出三个问题："这是什么""有何不同""何以见得"。
> 这是什么？这是在问品牌所归属的品类。品类是消费者在购买决策中对商品的最后一级分类，品类概念直接对接的是消费者需求，是指消费者需要的是什么东西。消费者先选品类后选品牌。
> 有何不同？询问的是品牌有哪些方面对消费者来说有价值，能够区分出不同品牌的差异。这个差异在定位理论中被称为"特性"。
> 何以见得？企业和品牌需要回答品牌差异化有何令人信服的证据。这种证据也称为"信任状"。

例如，消费者每天都会接触到大量产品信息，为什么只会"注意"到其

⊖　冯卫东.升级定位[M].北京：机械工业出版社，2020.

中某个信息，而"忽略"其他信息？是什么原因吸引了消费者的注意力？这里暗含着"节省法则"，卖货包装的设计只需顺应和使用这个法则就好。

营销前辈们研究发现，人的大脑容量有限，信息又太多，因此它在处理信息时采用"节省法则"。消费者看着琳琅满目的产品，最经济的方法是把注意力投入到和自己需求有关的产品上。人的需求在哪里，注意力就在哪里。

因此，本书不厌其烦地强调，对绝大多数包装来说，品类信息必须清楚。如果品类信息不清楚，消费者搞不清楚面前的这个产品与自己有什么关系，购买欲望就不会被激发起来。

再如，品牌三问的第一问"这是什么"，涉及了品类命名。包装设计公司怎样判断客户已经有的品类名称或者新起的品类名称好不好用？冯卫东先生早已总结了"品类命名八字诀"：有根、好感、直白、简短。

再如，怎样通过设计，让卖点和差异化概念有力有效？设计前辈们已经为我们总结了：第一步，先找到差异化概念的词语；第二步，根据词语，设计差异化视觉。没有差异化概念词语，差异化就不确定和不可描述；没有差异化视觉，差异化概念的传播性就不强，就会始终停留在抽象阶段，不好记忆。

如果再追问，为什么在营销中差异化概念和差异化视觉如此重要呢？从菲利普·科特勒的《营销管理》到艾·里斯和杰克·特劳特的定位理论都告诉我们，不同胜过更好，在高度竞争的市场环境中，差异化是终极竞争手段，差异化卖点才是消费者决定购买的理由。

…………

策略工作在外界看来很神秘甚至很神奇，其实不然。策略工作不是创意性的工作，它更像是逻辑推导，策略师把已经证明正确的科学原理、定理规律，正确地应用到本产品所处的实际市场营销工作当中，进行分析、推导、策划，就像打仗之前的沙盘推演。因此，靠谱的包装设计公司不会出台找不到依据的策略，不会实施违反规律的方案。

从这个意义上说，不是卖货包装设计公司专家们有多聪明和多高明，而是他们比别人多掌握了一些规律和经验，包括多知道了一些之前别人踩过的"坑"并提前绕过了。策略工作吃功夫、见水平的地方就在这里。

不少企业不知道包装设计还需要策略，包装上看不到的就不关注，自己设计的包装不卖货也不知道为什么，这种包装就是一种极大的浪费。

准确的信息是卖货包装出台的前提，需要甲方客户真心支持和大力配合，所以甲方客户对设计公司要说真话，虚假信息带来的是错误的判断和决策。

什么是包装策略需要的信息？读者朋友们从附录 B "包装策略问题信息表"中可见一斑。在包装策略形成阶段，包装设计公司的策略师和设计师需要经常跟甲方客户另行访谈和做其他市场调研工作。

卖货包装设计是一场"处心积虑"的预谋，消费者感知到的，就是营销设计者希望消费者知道的。针对谁、传达什么信息，想让消费者怎么看待产品和品牌，都经过了精心策划和设计，有目的、有技巧地引导消费者由浅入深地了解、信任产品和品牌。每一款卖货包装，都浸透着策略师和设计师的心血，要知道，世界上没有随随便便的成功。

包 装 的 呈 现

设计篇

设计的本质，是解决某一个社会
生活的问题。[一]

　　　——日本国际著名平面设计
　　　　大师　原研哉

[一]　原研哉. 设计中的设计 [M]. 朱锷，译. 济南：山东人民出版社，2006.

第 五 章

包装的设计要素

　　笔者经常这样说，包装是信息的载体，视觉设计是传播的翅膀，因此包装设计事实上分为两个部分：一是包装信息内容的设计，体现在包装策略上；二是包装视觉表达的设计，体现在包装作品上。

　　本书第一章至第四章讲卖货包装的内在原理，是讲包装信息内容的设计，分析讲解卖货包装要筛选、提炼和传达什么样的信息，主次轻重怎样安排。这些内容属于包装的策略部分，是本书的特色和重点。

　　从本章开始，笔者将从包装四大构成要素"图文、外形、材料和结构"，也就是从设计师运用的四大设计手段的角度来研究包装设计，探讨包装的视觉表达。

　　包装有四大构成要素：图文、外形、材料和结构，这是包装设计师所能调动的全部手段，是几乎所有包装设计教科书、专著都会涉及的内容，属于设计专业的学问，这不是本书的重点。包装应该承担什么任务，应该传播什么信息，如何从抽象的概念信息转化到直观的视觉表达才是本书的重点。本书力求找出规律性的技巧和方法。从这个角度研究包装的人较少，本书尝试填补这一空白。这也是许多设计师看了很多设计书，也做不好一款卖货包装，亟待突破的难点。

一提起包装，最容易让人想起的是包装的图文要素和外形要素。通常，设计师调动最多、运用最为熟练的也是这两个手段，尤其是图文设计，受客观条件的限制比较少。这时，包装卖货的重担，就全部压在了图文设计和外形设计上。

相对容易忽视的、在实际工作当中运用较少的是包装的材料要素和结构要素。客观原因是，很多时候企业实力有限，只能利用现有生产线、现有的材料结构，对于创新材料和创新结构只好望洋兴叹。主观原因是，一些设计师形成了惯性，习惯了只做包装的图文设计和外形设计，忘记了材料设计和结构设计也是包装设计的应有之义，没有将材料和结构对消费者的吸引力、与竞争者的差异化和对信息的传播力释放出来，没有去尝试利用材料和结构的设计与创新，做出出人意料的卖货包装。这里，对设计师朋友做一下特别提示。

总之，图文、外形、材料和结构是包装的四大构成要素，都是包装设计应该充分、合理调动的手段，本质上没有高下之分，难点在于设计师能不能充分调动和平衡它们。

专业包装设计师一定要建立完整的知识体系和技能体系，不可偏废。设计师调动的手段越齐全，成功地创新、设计出令人心动、过目不忘的优秀作品的概率就越高。

从包装四大构成要素的角度，对包装设计应该这样定义：包装设计就是包装设计师根据包装信息内容的设计（也就是根据包装策略），通过调用图文、外形、材料和结构四大要素，把精心策划的信息转化为消费者喜闻乐见、快速解读、愿意传播的可视可感、直观易懂、生动好传播的包装作品，让包装完成保护产品，与各利益相关者进行沟通、卖货和树立品牌的任务。

下面，笔者对包装四大构成要素分别做简要介绍，概括性、启发性地找出四大构成要素的表现手法和形式。

图文设计

什么是图文设计

图文设计是指在产品包装的外表面，将商标、图形、色彩和文字排列组合形成画面，构成包装外表面的图文信息，发挥吸引消费者、美化和介绍产品、帮助卖货和建立品牌的作用。

图文设计是包装卖货最重要，通常也是最主要的表达手段，是包装设计的重头戏。由于受到成本控制以及生产条件和供应链的限制，包装的外形、材料和结构并不总是可以重新设计的，但是每一款新产品包装或者老包装升级，包装上的图文是一定要重新设计的。那么包装的外表面就是设计师施展创意、传达卖货信息、建立品牌认知的重要场所。说图文设计重要，指的就是这个。

包装设计尤其需要强调构图的整体性，设定一个基调、一个核心想法，各要素遵循这个基调和核心想法来设计，从而使画面的各要素协调一致，形成一种整体而和谐的画面。

　　拉脱维亚早餐谷物制造商 Graci 的系列多功能麦片，包装上直接标注了产品主要成分及其特殊功能，说明了产品具有丰富的营养价值（见图 5-1）。系列中每款包装的主图都清楚地表达出针对不同的人群拥有不同的功效：有为运动人士增肌的，有为脑力劳动者保持精力的，有增加耐力恢复体力的，有用来塑形瘦身的。包装设计版式相同、风格一致，但是每款包装都有自己的颜色、目标对象和价值主张，同一种设计思路贯穿全系列包装，并且各个小袋并排排列组成了"HEALTH"（健康）这个词，传达了品牌精神（见图 5-2）。该包装作品获得 2018 年红点传达设计大奖。

图 5-1　拉脱维亚早餐谷物制造商 Graci 的系列多功能麦片包装

图 5-2　各个小袋并排排列组成了"HEALTH"（健康）这个词

图文设计中的商标、图形、色彩和文字

下面简要介绍图文设计中的商标、图形、色彩和文字设计。

● 商标

什么是商标?

用来表明产品或服务由谁生产、提供,由文字、图形或者组合设计而成的具有显著品牌识别作用的视觉标识,叫作品牌标识。通过商标注册的品牌标识,叫作商标。

商标是品牌最重要的识别物之一,更是品牌浓缩凝练的表达。例如,川渝味道标识的升级(见图 5-3),既注意到对原标识的传承,又在美观度上做了提升,更重要的是把品牌的定位清晰明白地传达出来了,不再是放在谁身上都合适、没有专属感的东西。

升级前　　　　　　　　　　升级后

图 5-3　川渝味道标识升级前后对比

商标是包装图文设计中不可或缺的要素,是品牌的重要资产。随着产品和品牌进入消费者的视野和生活,它们在消费者心智中积累起来的认知和体验与商标直接关联起来,品牌越知名,商标的作用就越大。

从设计元素上看,商标可分为图形、汉字、人物和动物,以及它们的组合(见图 5-4、图 5-5 和图 5-6)。

图 5-4　中资国业的图形标识

图 5-5　"到这儿来"的文字标识

图 5-6　仲景宛西药业人物和文字结合的标识

下面，讲一个服务品牌的商标设计成为品牌识别的案例。

柯美睫是一家专门针对美睫店开店培训、孵化和经营支持一条龙服务的机构。

服务品牌的内涵很概念化、很抽象，不容易转化为视觉识别。柯美睫提供的服务既不是有形产品，也不是实体店铺，应该用什么代表这个服务机构，传播这个服务机构从而让大家记住呢？可以把商标放大使用，使其成为品牌的主视觉。

"柯美睫"几乎是一个完美的品牌名称。"柯美睫"的创始人是美睫大师柯帅，"柯"由此而来，"美睫"是品类名称，表明了行业，让商标具体形象了许多。好商标让设计变得轻松。

"柯"字是品牌名号，是不可替代的品牌识别，稍加美化，不用特别设计，把"柯"字放在商标的视觉中心，用六根睫毛把"柯"字围起来，下面完整地打出"柯美睫"三个字，一气呵成（见图5-7和图5-8）。

图 5-7　柯美睫品牌标识

图 5-8 柯美睫品牌标识的应用

通常来说，商标在包装中到底应不应该突出？一要看商标信息可不可以直接卖货，能不能表现差异化，二要看商标是不是知名。若商标信息不可以直接帮助卖货，中小企业的商标不被消费者熟知，商标就没有必要突出。它更像是品牌的法律顾问，当有人想假冒时会起到警示作用，当有侵权时在法律上能够证明自己是正宗的，保护自己。

商标是通过品牌产品与消费者接触，被消费者购买和使用而被认知的。消费者体验了、满意了，自然想记住这个品牌，避免复购的时候买错。如果这个品牌没有走进消费者的生活和社会大众的视野，其商标和所有其他品牌内容与形式就都不会被记住。这时在包装上应该做什么呢？不是突出商标和品牌，而是把全部力量放在吸引消费者、唤醒和对接消费者需求上。卖货成功了，产品进入了消费者的生活，消费者才开始认识这个品牌。这个事情，千万不能因果倒置。

● 图形

包装设计的图形是指包装上用于吸引消费者，传达产品特点以及卖货等意图的照片、绘画和纹饰等。

图形作为设计语言，可以表现产品、目标人群、使用场景、营销者的优势，还可以把品牌主的目的想法、价值理念、趣味偏好、消费倡导，或直接或象征或隐喻地在包装上表达出来，把产品和品牌内在、抽象的内容以及营销者的目的想法外在化、具体化和形象化，以消费者喜欢和容易感知的视觉方式，实现信息的喜闻乐见和高效传播。因此，包装图形是包装设计的重头戏，在设计上有着近乎无限的自由度与可能性。

当代大脑思维科学已经证实，人的左脑负责处理语言等抽象逻辑信息，右脑负责处理图形等形象情感思维。如今是"读图时代"，右脑的作用越来越被重视，其潜力越来越多地被开发出来。一幅富有视觉冲击力的图形，可以成为激发消费者兴趣并促成销售的关键，正所谓"一图胜千言"。

在文字出现之前，人类是用图形传达信息的。许多时候，用图形传情达意，比文字更有优势。

首先，信息量大。

按照信息学原理，在一张 A4 纸上呈现的一篇 1000 字的文章，包含的字节数是 2KB 字节，在同样大的纸上呈现的一幅较清晰的数字照片，包含的字节数往往超过 2MB，因此图片承载的信息量是同样面积的文章的一千倍以上。

其次，容易理解。

图形远比文字容易理解，因为具有直观性或者象征性，读取速度更快，并且在使用不同语言的人群中间通用性很强。无论谁看到符号"→"，都能不假思索地知道所指的方向是向右。如果用文字表达，一是麻烦、不简洁，二是只有懂该种语言文字的人才能看懂。

图形具体、直观、生动、形象、易懂，赏心悦目、有吸引力，容易让人接受，在这些方面比文字更有优势。幼儿就是从玩具、绘画这些具体有形物件开始认识世界的，所以图形在包装上通常比文字更具有通俗性、传播力和记忆点。

图形可分为具象图形、抽象图形、装饰图形三种基本类型。

（1）具象图形。包装设计中的具象图形是指利用摄影、插画等手段，把产品和其他自然物、人造物等真实世界存在的事物直接描绘出来的图形。

具象图形最能表现事物外观、质地等信息，真实感强。同时，具象图形不是刻板地还原事物，而是对自然物象重新塑造，能够拉近产品与消费者之间的距离，牵动人的情感，让消费者产生信任。因为消费者相信眼见为实，从而激起购买欲望。

具象图形又可分为：写实图形、归纳简化图形和夸张变化图形。

写实图形：采用写实绘画或摄影图片直接真实地展现产品（见图5-9、图5-10和图5-11）。

归纳简化图形：在写实基础上进行归纳整理，去掉烦琐的，保留精华的，形成概括、简化和层次清晰的风格特征，使表达的内容更加突出、简约和生动（见图5-12和图5-13）。

图 5-9 　老街口花生、瓜子包装上的写实图形

图 5-10 　吉普林先生糕点的每一款包装上都有实物照片

图 5-11　野森林黑木耳包装开窗

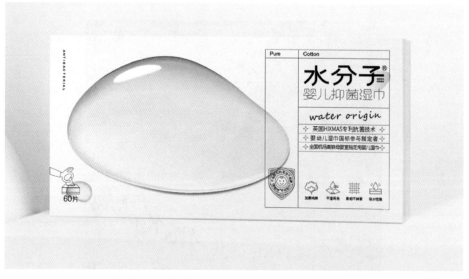

图 5-12　水分子婴儿抑菌湿巾包装上只展现一个晶莹剔透的大水泡

图 5-13　猫小左豆腐猫砂在包装上简约地画出猫咪

　　夸张变化图形：在概括的基础上，对事物的形体、结构、色彩等某个方面加以夸张变化，突出形象特点，产生简洁、幽默、符号化的构图效果。

　　亚美尼亚的 Tomacho 番茄系列产品包装（见图 5-14），将番茄化身为可爱的"小鸡家族"，小鸡宝宝代表小番茄，鸡爷爷代表番茄干，生趣盎然。

　　在施沐沐浴泡泡包装上，将白色泡泡设计成一个娃娃人，着实可爱（见图 5-15）。

　　笔者把卡通漫画也纳入此列。一组冷饮杯体完全由漫画铺满，迎合了年轻人追求新奇搞怪的心理（见图 5-16）。

　　现在，卡通漫画已经成为流行文化的一部分，不分年龄、阶层和地区，渗入商业社会的各个方面，以卡通形象作为品牌的代言或是企业的象征已变得非常普遍。

图 5-14 亚美尼亚的 Tomacho 番茄系列产品包装

图 5-15 施沐沐浴泡泡包装

图 5-16　由漫画铺满杯体的冷饮杯

（2）抽象图形。抽象图形是指对人物、动物、植物，以及非生命体进行的抽象化概括，或通过涂鸦、喷涂、焚烧、印染、撕裂等方式做出的非现实图形。

抽象图形给人一种自由的、全新的感觉，虽然不如具象图形真实、客观，但仍然可以间接地传递商品的信息与属性特征，引导消费者联想，表达情感。抽象图形不仅具有新颖、简洁、概括的表现力，而且具有现代式的美感与高雅。

下面孟菲斯风格的礼盒手提袋（见图 5-17）上的图案有什么明确的意义吗？没有。但它又是有意义的。它的意义就是视觉上创造的记忆点和差异化，就是在风格上形成的某种暗示和表达。洋范的或国潮的，清高的或热情的，有内涵的或幼稚可爱的……这对不需要讲解的产品来说，消费者能够领悟到这些信息已经足够了。

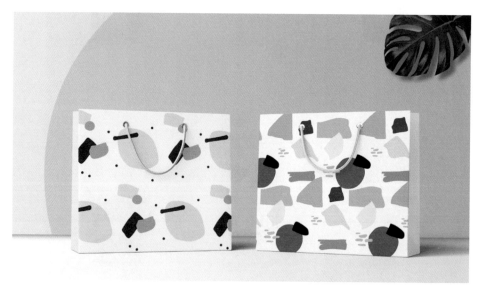

图 5-17　孟菲斯风格的礼盒手提袋

　　受矿泉水品牌依云邀请，英国时尚设计师 Paul Smith 为依云打造了多彩的条纹抽象图案水瓶（见图5-18），总计5款。这些晶莹剔透的玻璃瓶身披 Paul Smith 标志性的鲜艳彩色条纹，配有5种不同颜色的瓶盖，再加上 Paul Smith 的招牌式签名，在法国和英国限量发售，给高端依云品牌带来了青春活力。

图 5-18　依云多彩的条纹抽象图案水瓶

　　抽象图形还经常使用点、线、面的构图手法。对那些产品自身形态没有特点，又无联想情景的产品而言，很少能用写实图形和摄影照片来表达，用抽象图形表达是一种好办法。例如，西药包装和化学产品经常使用此种表现手法（见图5-19）。点、线、面基本元素通过重复、近似、特异、发射、密集、对比等手法构成抽象图形，创造出既丰富又抽象的构图，由此产生节奏、韵律、均衡、协调等美感，给购买者暗示和感官上的享受。

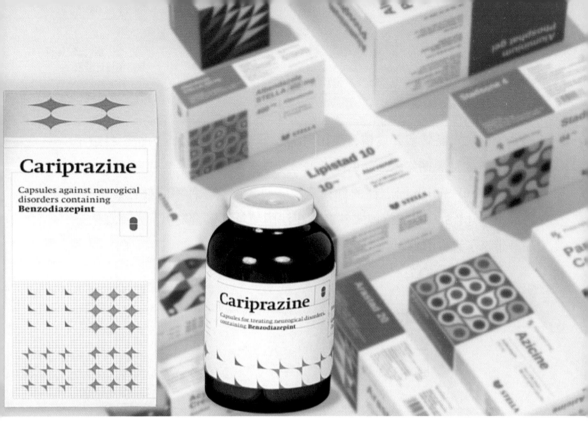

图 5-19　西药包装经常使用点、线、面构成抽象图形

　　抽象图形事实上是对某种事物、某种想法的提炼和高度概括，因此视觉冲击力强，具有独特性，容易成为品牌印记。近雅超强活性炭包装在视觉元素上采用抽象元素（见图 5-20）。

　　近雅超强活性炭是专门用于吸附和清除装修污染的产品，技术成熟，拥有发明专利，但这种产品并不少见。如何让产品看起来与众不同呢？

　　第一，在包装上清晰地表明四大功效（除甲醛、除苯、除 TVOC$^{\ominus}$、除异味）和令功效可信的国家发明专利，这是理性消费产品的信息重点，是选择理由。第二，在视觉元素上采用抽象元素，以点、线、面构成"无意义"的抽象图形，这些无意义的元素既让人联想到空气中的有害物质，又营造出满满的科技氛围。

　　$\ominus$　TVOC 是指总挥发性有机化合物，对人体有害。

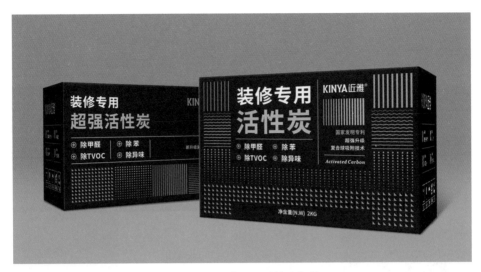

图 5-20 近雅超强活性炭包装

（3）装饰图形。装饰图形是指从人的主观理想化的角度，以客观物象为素材，采用写意、寓意的形式构成的图形。装饰图形常常是经过变形的动植物和几何形象，形成符号化的装饰纹样（见图 5-21）。装饰图形是介于具象图形与抽象图形之间的一种极具创意特征的图形，它简练精致，具有高度概括性和时尚感。

图 5-21 符号化的装饰纹样

装饰图形可以产生极强的形式感，许多看起来抽象的装饰图形，其实人们早已赋予了它吉祥、喜庆等特定的含义。装饰图形可以增强商品的感染力，带给人们某种暗示，令其产生愉悦与遐想。这款富平柿饼包装（见图5-22）采用装饰图形，充满了西北民俗文化的喜气和"万事如意"的吉祥寓意。

图 5-22　富平柿饼包装

● **色彩**

色彩往往是第一吸引力，它曝光面积最大，更加直观、感性，足够简单，比形状和包装上的文字、图形更容易被人感知和解读。

有研究资料表明，人在观察物体时，最初的 20 秒内色彩感觉占 80%，而形状感觉只占 20%。色彩拥有波长效应，往往比图形更具视觉冲击力和感官影响力，也就是传播效率更高。

色彩是人们在日常生活中一切感觉和欲望的开端，也是最后忘记的事物。从这个规律来看，色彩的选择、设计可谓是包装设计的第一步，也是最重要的一步。

包装色彩设计以人们对色彩传统的认知和习惯性联想为依据，突出品牌产品的陈列效果，影响着、牵引着消费者的情绪。

第一，色彩在包装上是重要的品牌识别物，容易帮助品牌建立整体视觉个性和优势，建立与同类产品的鲜明区隔。

可口可乐与百事可乐单凭包装色彩就可以辨别出来。百事可乐比可口可乐晚了 12 年诞生，在包装的色彩上选择了明显与可口可乐相对的蓝色，这是一个无比正确的竞争决策（见图 5-23）。

图 5-23　可口可乐与百事可乐包装颜色差别明显

色彩具有强烈的专有性，一个品牌应该占有一种专有色彩，就像蒂芙尼的蓝、依云的粉、可口可乐的红、宜家的蓝黄、熊本熊的黑。这种专属有时是创造出来的，有时是依据行业和产品已经关联的颜色直接拿过来应用的。

第二，色彩是情感的天然载体，是情感表达的方式之一。

人对色彩的反应首先是生理反应，是与生俱来的。心理学家们发现，在红色环境中，人的脉搏跳动会加快，血压有所升高，情绪兴奋冲动；在蓝色环境中，人的脉搏跳动会减缓，情绪比较沉静。

如果追根溯源，那么人对色彩的反应是通过生活经验的积累而形成的。例如，什么东西是红色的？血液、辣椒、火焰，所以红色与刺激的、热烈的事物等相关。什么东西是蓝色的？天空、海洋等。长此以往，蓝色给人的感觉就是博大深邃、包容性强。其他颜色也是如此。

于是，人们会依照颜色直接产生某种情感，产生一些固定的认知。因此，色彩对于人，不仅是一种文化现象，它已经演变为底层规律，变成一种难以抗拒的生理的和情绪化的反应。甚至可以说，人们不是用头脑而是用情感来对色彩进行反应的。这种反应，呈现出许多规律性和行业共性。

资深包装设计师已经学会利用色彩心理模式来设计包装了，如食品类包装通常主色调为鹅黄、粉红，给人以温暖和亲近之感；日用化妆品类包装主色调多以玫瑰色、粉白色、淡绿色、浅蓝色、深咖啡色为主，以突出温馨典雅的情致……当然，消费者因年龄、收入、受教育水平、民族与国籍、信仰和文化等因素的不同，对色彩传达出来的意义的理解有差异，这些都是需要包装设计师一并考虑的。

妈宝时光营养机能饼干包装（见图5-24）以暖色为主，突出消费者对食品的新鲜、营养和味觉的联想。

好欢螺螺蛳粉作为螺蛳粉头部品牌，在包装风格上开创并引领了螺蛳粉包装的"多巴胺"配色风格，画面主体采用亮黄、橙黄、大红、深红、深赭、深蓝等热烈又有强烈对比的颜色，形象地传达出螺蛳粉鲜、酸、爽、烫、辣的"味觉刺激"意向（见图 5-25）。

图 5-24　妈宝时光营养机能饼干包装

图 5-25　好欢螺螺蛳粉包装

业内有人把色彩分为暖色系和冷色系，沉静色和活泼色。

暖色系——让人联想到身体和情感上的温暖。

冷色系——给人冷酷的、沉稳的、理性的感觉。

沉静色——给人安稳的、镇静的感觉。

活泼色——给人活泼、轻松、愉快、乐观、刺激的感觉。

由于历史的沉淀，人们对色彩的认知变成了约定俗成，人们对各种色彩赋予了特定的情感，带着先入为主的认知，没有道理可讲。

例如，黑色象征着干净、严肃、冷静、神秘、孤独、高级等。白色常被用来表达正义、纯洁、尊严、正直、晶莹、冷酷等；蓝色的忧郁、蓝色的浩瀚、蓝色的冷静，蓝色常常用来传达深刻、开放、未来、科技的信息；红色的生命、红色的温暖、红色的喜庆，红色常常用来传达喜悦、热情、繁荣等信息；黄色的温暖、黄色的诱惑、黄色的明亮，黄色常常用来传达温暖、希望、关注等信息；绿色的舒适、绿色的清新、绿色的活力，绿色常常用来传达生命、生态、健康等信息；紫色的高贵、紫色的神秘、紫色的温暖，紫色常常用来传达浪漫、高贵、理性等信息……

同理，由于人对色彩有着共同的认知，因此在包装设计中，需要考虑色彩在一些地域和民族的禁忌，不能犯常识性错误。

第三，选择色彩的方法。

为包装选择色彩，需要在照顾消费者认知和行业惯性与建立个性和差异中做出权衡，既不能毫无个性，又不能特立独行、触犯忌讳。这里没有标准答案，也没有绝对的对错，只有比较和权衡。

照顾消费者认知和行业惯性，简单来说就是从众：大家怎么选，我就怎么选。这样选择的优点是一般不会出错，稳妥而保守，缺点是都在用户认知的范围中，缺乏独特的记忆点。

建立个性和差异，简单来说就是大家都这样选，我偏不这样选。从理想化意义上来说，个性和差异是需要的、是对的，做品牌为了什么，还不是为了给消费者留下独一无二的深刻印象。但是难点在于一个"度"字，过度了，事与愿违。请看黄天鹅可生食鸡蛋是怎么做的。

设计师首先从品牌名称黄天鹅的"黄"字出发，确立了主色彩之一的黄色，并且是纯度很高的黄色。黄色是食品行业的常用色，用黄色就占据了稳妥。接下来用什么彰显个性呢？设计师大胆采用了撞色手法，把大面积的蓝色与大面积的黄色并列放在一起，整个包装显得非常引人注目，无论在线下终端还是线上搜索页，这个包装都实现了一眼可识别，可谓艺高人胆大（见图 5-26 和图 5-27）。

图 5-26　黄天鹅可生食鸡蛋包装

图 5-27　黄天鹅可生食鸡蛋在货架上

　　有一个问题需要特别注意，色彩虽然只是包装上的一个要素，但是也要注意与企业地位、能力相适配。例如，上述大胆的突破行业惯性的色彩，只能给行业领军企业使用，如果给中小企业、跟随型企业使用，后者会因为没有足够的权威和自信而不被同行和上下游认可，结果，在全行业异口同声地诟病下顶不住，反受其害。领军企业的创新就不一样了，整个行业预设了结论——领军企业是对的，其他企业需要做的是赶紧研究学习，别被落下。

品牌产品包装选择主色调有以下几种方法：从品牌名称出发、从品牌基因出发、从行业和产品出发和从氛围需求出发。

从品牌名称出发

品牌名称是选择品牌色彩时的优先选项，如果品牌名称中包含色彩字眼，那么直接使用这个色彩。品牌文字信息和色彩信息一致，会强化消费者对品牌的记忆，这样设计可以提高传播效率。黄天鹅可生食鸡蛋的包装色彩就是从品牌名称黄天鹅中的"黄"字来的。

从品牌基因出发

品牌的文化起源、地域起源甚至品牌标识中的一些元素可以为品牌色彩的选择提供方向。例如，面膜专业品牌"植物主义"推出了以海洋植物"海茴香""海葡萄""海藻"为主要原料的海洋植物精华面膜。这款包装的色彩就是从海洋的蓝色来的（见图5-28）。本书前面提到的"翻个儿黑豆豆腐"包装只用黑白两色，代表黑豆的黑和豆腐的白。

从行业和产品出发

例如，科技制造公司更倾向使用蓝色系的色彩，环保能源公司更倾向使用绿色系的色彩，医疗卫生行业常用白、绿、蓝色系的色彩（见图5-29），餐饮行业则更多使用红、黄、绿色系的色彩。

图 5-28　海洋植物精华面膜包装

图 5-29　免洗消毒液包装

从氛围需求出发

　　品牌主色调要放在市场氛围中考量和选择。百事可乐比可口可乐晚诞生了 12 年，在包装的色彩上选择了与可口可乐明显相对且在食品饮料行业不常用的蓝色，抓住了竞争这个主要矛盾，方便消费者辨识，凸显品牌差异。

总之，包装的色彩设计要为卖货的目的服务，要着眼于满足消费者需求和竞争差异化需求，并与包装上的图文、外形和材料一起统筹考虑，进行整体构思和设计。

● 文字

文字是传达思想、交流感情和交换信息的载体，信息量大，概括性强。一些经过精心选择的字、词，消费者认知鲜明和强烈，在设计师手里被当作图形来设计，与图形有异曲同工之妙。

荣获 2021 年 Pentawards 铂金奖的冰激凌包装作品（见图 5-30），以冰激凌口味的色彩作为包装底色。此外，最突出的创意点是，以夸张的数字标明口味的大卡热量。不同的口味，有不同的数字，表明不同的热量，让注重低糖、低热量的消费者吃个明白。

图 5-30 荣获 2021 年 Pentawards 铂金奖的冰激凌包装作品

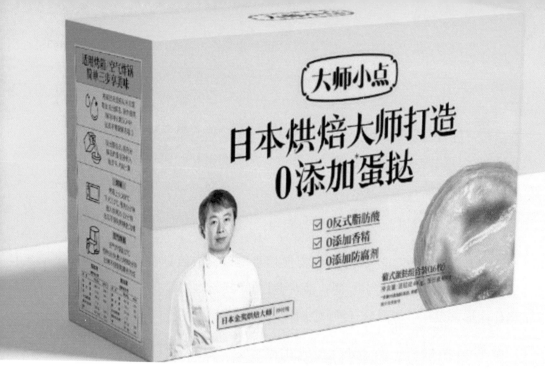

图 5-31 "大师小点"蛋挞包装

　　本包装有别于常见的用冰激凌图片作为主视觉元素的做法，该系列包装以不同大小的数字、文字营造了更具层次感的信息呈现，加之丰富、饱和的色彩，让包装整体充满活力，十分抢眼。

　　包装的文字分为三种类型：第一种是品牌品类文字，包括品牌名称（包装注册的和非注册的）、产品通用的品类名称、给产品起的小名、企业名称等；第二种是销售传播文字，包括广告语、定位语、关键词、信任状等；第三种是说明性文字，包括产品用途、使用方法、生产日期、保质期、注意事项等。

　　这些信息都不是可有可无的，只是重要程度和消费者读取顺序不一样，并且是图形所不能替代，用文字更好表达的。设计包装时要把这些文字依照本书第三章中的"包装信息按照重要程度分为三个级别"内容，分清主次，统筹呈现。

　　蛋挞是寻常食品，"大师小点"蛋挞包装（见图 5-31）把文字信息的传播重点放在"0 添加蛋挞"上，让其处在包装的焦点位置，因为这是产

品最大的不同，必须给予突出。同时，包装上的大字还告诉消费者这是
"日本烘焙大师打造"的。"日本金奖烘焙大师仲村纯"的真人照片放在包
装左下方，有图有真相，好原料加权威背书，无可置疑，战胜了绝大多数
蛋挞产品。

包装主视觉与品牌识别

包装设计中经常用到两个概念：包装主视觉与品牌识别。

什么是包装主视觉？

包装主视觉是包装上最突出、承担本款包装营销传播核心任务的一组
视觉元素。它不仅是包装的视觉重心和中心，还可以直接应用或者稍做变
化地应用到同产品的海报、广告等宣传品当中，也是这些宣传品的主要视
觉元素。（主视觉有品牌主视觉、包装主视觉、营销传播活动主视觉等，这
里只讲包装主视觉）

包装主视觉是一款包装在视觉上的重点和中心。一款包装只能有一个
重点、一个中心，不可以出现多重点、多中心。

什么元素做主视觉，是由包装的策略决定的，是由包装的营销传播重
点决定的。视觉设计重点解决什么问题，就把什么放在整个包装的突出位
置上。

费氏万里果酱从创始之初就一直坚持原料、工艺和标准不改变，在果
酱上下游商业伙伴和消费者当中认可度很高，销路稳定。需要解决的问题
是如何让信赖费氏万里果酱的上下游生意伙伴认准这个品牌，不再为品牌
模模糊糊而烦恼。于是设计师的设计重点就是品牌表现，设计师把"费氏

万里"，尤其是把"万里"放大，放在奖牌上，这不是简单地放大字体，而是在奖牌的映衬下将这个品牌的光辉与荣耀凸显出来，成为包装的视觉中心和记忆点（见图 5-32）。

图 5-32　费氏万里果酱包装

每款包装都要有一个主视觉，就像每篇文章都有一个中心立意、每首乐曲都有一个主旋律、每家餐厅都有一个招牌菜一样。

包装主视觉可以逼真地表现产品（见图 5-33），即产品是什么，包装上的图文呈现的就是什么，以此吸引消费者并让消费者了解产品。

什么是包装的品牌识别？

设计界说的品牌识别，一般是指品牌形象识别系统，即 CIS，包括理念识别（MI）、行为识别（BI）、视觉识别（VI）、环境识别（EI）和空间识别（SI）等。本书说的品牌识别，专指包装上的品牌识别。

图 5-33　川渝味道的花椒、辣椒和八角包装的主视觉表现

　　一款包装上的品牌识别，是该品牌在包装上醒目、规范性的视觉表现。也可以这样说，包装上表现品牌的主视觉，就是品牌识别。

　　例如，苹果不需要讲解，谁都会吃。陕西是具有广泛认知的优质苹果产区，那么陕果基地的"妙地鲜"品牌苹果包装的主视觉应该表现什么呢？设计师决定，突出品牌，传播差异，做出鲜明的品牌识别。

　　一个大大的苹果外形，中间一个妙字，这个品牌符号足以让消费者过目不忘。同时，"全程冷链，±1℃新鲜"的品牌差异放在品牌符号的右上方，诠释着"妙地鲜"的品牌主张（见图 5-34 和图 5-35）。

　　设计品牌识别的目的，是用视觉作品（有时提炼浓缩为一个符号）代表这个品牌，与品牌形成一对一的强关联，一看到它，就知道是什么品牌。它可能是标识，但是绝对不限于标识，还可能是创意符号、图形、花边、色彩以及它们的组合，它将成为一个品牌专属的视觉记忆点和识别物。

　　包装主视觉与品牌识别的主要区别在哪里？主要是两者的作用或者说

着眼点不一样。

图 5-34 "妙地鲜"苹果包装的主视觉

图 5-35 "妙地鲜"苹果包装的品牌识别

主视觉重点在于解决产品在市场上的生存和竞争问题，也就是说要卖货，而品牌识别重点在于建立一个视觉识别物代表这个品牌。两者有时是分开的，有时是合而为一的。

主视觉多为阶段性的，有直接的市场目的性和功利性。

秦岭深山土鸡蛋包装用什么画面给消费者以代入感，让人身临其境呢？设计师极具创意地把农夫演绎成秦岭大熊猫的样子，端着满满一筐笨鸡蛋（见图5-36和图5-37）。这个主视觉不仅让消费者一下子记住了这个品牌，而且让他们在直觉上相信这个鸡蛋就是来自秦岭的（有大熊猫作证）。营造代入感是本款包装要解决的核心问题，一个有创意的主视觉完美解决了这个问题。

图 5-36　秦岭深山土鸡蛋包装的主视觉是秦岭大熊猫样子的农夫

图 5-37　秦岭深山土鸡蛋包装

　　品牌识别是相对长期的，为了方便消费者记住品牌，与 CIS 一道让品牌无形资产有形化、有地方积累。消费者的认知和品牌美誉最终会积累到品牌识别上。

　　第三章的"一个重点怎么选择和确定"中讲了"清新日记"的案例，这里从品牌识别的角度再讲一下。

　　清新日记一个品牌横跨了多个家庭卫生清洁用品领域（见图 5-38），无论是线上还是线下，多种产品不可能一次全部出现在消费者眼前。怎样能让消费者记住这些跨品类的产品是一个品牌旗下的呢？这个办法就是品牌识别。

　　品牌叫作清新日记，品牌个性差异是采用了橘油等天然原料的"植物清洁"，设计师为这个品牌创意的品牌识别是"植物清新"感觉的花边，完美实现了品牌个性与品牌识别的统一。

　　所有产品包装都采用同一种花边图案，不同品类采用不同的色系，如"厨房植物泡沫油污净"采用绿色，"强效除菌洁厕灵"采用浅蓝色。同一品牌下的各种产品，拥有统一的花边图案，这种统一具有了品牌识别的作用。只要消费者看过一眼，哪怕把各种产品分开，也能立刻联想到这些是同一个品牌的产品。

图 5-38　清新日记的不同品类

本书在附录 A "产地价值是农产品差异化的源泉，是农产品品牌之魂"中讲到了金鹤大米包装的案例，包装上一只展开翅膀的洁白丹顶鹤，既是主视觉，又是品牌识别（见图 5-39）。

图 5-39　金鹤大米包装

总之，一般地说，一个包装必有一个主视觉。当包装上的主视觉表现品牌的时候，主视觉与品牌识别就合二为一了。但也有例外，如可口可乐、百事可乐的主视觉经常随着节庆活动和赞助赛事而改变，然而两者的品牌识别——可口可乐是红色的，百事是蓝色的，从来没有改变过，让消费者一眼就能识别。

外形设计

什么是包装的外形设计

包装的外形设计是指包装外部展示面的造型设计，包括包装展示面的大小、尺寸和形状。

包装外形设计的目的是在保护产品功能的前提下，通过消费者对包装外形的感知吸引消费者，增加消费者对产品和品牌的好感，展现和提升产品、品牌的价值，甚至创建独特的品牌识别。

下面这款巧克力包装（见图 5-40）被设计成了六边形半开窗，单单六边形这个外形就很别致，招人喜欢。

下面的圆环形夹心饼干盒造型新颖（见图 5-41），打开盒子，五彩缤纷的饼干排列成一圈，令人赏心悦目。

包装的外形有圆柱体类、长方体类、圆锥体类等，以及上述形态的组合和对各种自然事物模拟构成的形态。把蜂蜜瓶做成六边形，容易让人联想到六边形的蜂巢（见图 5-42）。

图 5-40　巧克力包装

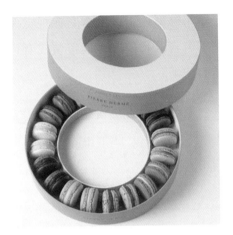

图 5-41　圆环形的夹心饼干盒

图 5-42　六边形蜂巢的蜂蜜瓶

　　包装的外形含义还包括全包、透明、半遮掩、繁复、简约、粗放、狭长、层层叠叠、参差无序等方法形成的新颖、独特的外形。

　　产品是品牌的载体，那么包括产品外形要素在内的产品包装，是帮助产品和品牌建立消费者良好体验和清晰认知的手段。新颖、独特的包装外形能为品牌带来强烈的个性和丰富的表现力，产生强烈的视觉吸引力，给消费者留下深刻的印象，长此以往，形成品牌资产。设计师应该熟悉和善于运用外形要素，发挥它在视觉传播上的作用，从而让包装自己卖货，让消费者喜欢和记住，让包装或者包装的某一元素作为品牌资产积累在消费者心智中。

来自希腊的鸡蛋品牌把包装盒设计成了三角形（见图 5-43），外形少见，很吸引人。这个包装可以放置 6 枚鸡蛋，在实现外形新颖的同时充分利用了空间。

图 5-43 三角形鸡蛋包装盒

这款 Popcorn Shed 爆米花包装（见图 5-44）被设计成房子的造型，充满生趣，孩子、大人都喜欢。

从上述五个案例中可以看出：第一，包装的外形创新设计提升了吸引力，在竞品众多的市场中为产品和品牌争取到了吸引力先机，增加了被优先选择的机会；第二，由于包装外形创新带来的差异化是视觉上的，直观且明显，因此包装的外形成为品牌识别，沉淀到消费者的心智中成为品牌资产。对这两点，包装设计师和品牌经营者应该给予重视。

图 5-44　Popcorn Shed 爆米花包装

当然，包装的外形创新设计难度较大，投入也大，经常需要企业新开模具、选择新材料等，同时由于受到品类约定俗成的约束和生产条件的限制，能够让设计师和品牌主进行包装外形创新的机会已经很少。凡是有包装外形创新打算的甲方及受委托进行包装外形创新设计的包装设计公司，都要珍惜这个可遇不可求的机会。包装外形创新比较容易帮助品牌产品一举在同类或者相似产品中脱颖而出，甚至定义和引领整个品类的包装外形。

包装的外形设计要为卖货服务

外形是包装设计的构成要素之一，是包装设计的语言，是营销传播的手段。手段要为品牌营销的目的服务，应该与产品和品牌价值、目标消费者的感受和体验，以及建立竞争优势相关并为之贡献力量，不能让外形的创新变成无源之水、无病呻吟。

下面笔者用市场上苹果包装的正反两种情况来说明问题。

以常规苹果包装为例，要么往苹果上贴一个不干胶品牌标识，要么将苹果装进礼品盒（箱），把苹果捂得严严实实。

没有对比就没有伤害，让我们看一看新西兰乐淇苹果（也称火箭果）的包装设计。

新西兰乐淇苹果最突出的特点不是大，而是小，比高尔夫球稍大，直

径在 5 ～ 7cm，单果重量 80 ～ 120g，有"樱桃苹果"和"试管苹果"等
雅号。别看果实小，但甜度高，口感清脆细腻，一口咬下去汁水四溢。更
重要的是，它的营养是普通苹果的好几倍，还有极强的抗氧化能力，切开
好久都不变黄。

　　这样有特点的苹果用什么包装呢？营销者打破行业惯性和观念束缚，
"倚小卖小"，把苹果装进了乒乓球筒式的透明包装里（见图 5-45），包装
的形态充分彰显产品小的特性，独特又实用，把劣势转成特点，令人过目
难忘，火箭果的名字也由此而来。

图 5-45　新西兰乐淇苹果包装

笔者总是强调一个观点，形式要为内容服务，外在要反映内在。优秀的包装外形设计一定要着眼于这个品牌的营销目的，不能为了形式而形式。脱离营销目的的形式没有意义，也没有力量。

下面这款蜂蜜包装设计（见图 5-46），显然是从蜜蜂肚子的形状和条纹中获得的灵感，形象传达了这是蜂蜜产品，一目了然，在吸引人之余，令人会心一笑。

图 5-46　蜂蜜包装设计

下面这款德国蜂蜜礼盒的外形是从蜂巢六边形引申创意而来的（见图 5-47），一包含有 6 种蜂蜜，合理地安排在立体六棱柱当中。精美的六边形使包装成为一种独特的元素，非常适合作为礼品包装送人，形式和内容相得益彰。

为什么有的包装外形创意让消费者感觉很舒适、很恰当，进而喜欢，而有的创意只会让消费者感觉怪异，没有好感呢？标准有两个：一是符不

图 5-47 德国蜂蜜礼盒的外形

符合美学法则，符合的就会令人舒适愉悦；二是有没有与产品有机关联，如果包装外形创意偏离产品，消费者不知道为什么这样做，结果"出人意料"，却不在"情理之中"，只会让消费者感觉怪异和困惑。包装外形创意只有为卖货服务，表达出方便消费者解读的有用信息和超出预期的美好体验，才是对的创意。

1960 年，设计大师荣久庵宪司（见图 5-48）为日本万字酱油设计了一款小号酱油瓶（见图 5-49），它轻巧、便携、美观，迅速风靡全球，每年产量高达 2.5 亿瓶，成为行业经典。

图 5-48 设计大师荣久庵宪司

图 5-49　万字酱油瓶

万字酱油的外形无疑是独特的，但是它的好不是单纯形式上的，而是浸透着荣久庵宪司创造美好生活的追求，这个外形是经过上百次实验才找到的。

- 将瓶嘴向下向内倾斜，这样在使用时，酱油不会滴漏在瓶身上（见图 5-50）。
- 为了方便拿取，瓶子的颈处设计得最细。
- 放大瓶子的底部，酱油瓶在放置时会更加安稳。同时，放大的底部与细细的颈部构成了瓶子优美的线条。
- 透明瓶，让使用者能够看清楚酱

图 5-50　万字酱油瓶的使用

油的多少。

- 红色的瓶盖，传达酱油的美味以及贴心的温度的感觉。

在此之前，日本的酱油都装在 1.8L 的大瓶子里，使用起来十分笨重。荣久庵宪司改变了日本和全世界的酱油瓶设计和使用习惯，这正如本书开篇中讲的金龙鱼 5L 小包装油开创了中国家用食用油品牌的先河一样。这款酱油瓶已被纽约现代艺术博物馆收藏，至今仍被设计界津津乐道。

万字酱油瓶的设计已经深入工业设计的范畴，这个案例给设计界和企业家们的一个重要启示是，包装创新的力量实在是太强大了，如果有可能，在包装外形上下功夫是非常值得的。

没有意义的差异化也是有意义的

差异化是市场营销永恒的主题、竞争的焦点、取胜的利器。然而，在高度竞争的市场环境下，要想寻找和获得差异化非常困难，显而易见的差异早已被同行占据，以至于许多营销工作者穷尽一生都未必能够胜任营销工作。因此，差异化无论怎样强调都不为过。菲利普·科特勒甚至说过这样一句名言：没有意义的差异化也是有意义的。⊖差异化的重要性由此可见。

"没有意义的差异化"是指随便什么样的差异化吗？有差异就算吗？绝对不是，否则差异化工作就用不着专业人士研究解决了。有意义和没意义是相对的，不是绝对的。

"没有意义的差异化也是有意义的"是指，产品并没有因为这个差异

⊖ 科特勒，凯勒 . 营销管理：第 14 版 [M]. 王永贵，于洪彦，陈荣，等译 . 北京：中国人民大学出版社，2012.

化而给消费者带来实际的利益和功效，但是这个差异化仍然有非常大的价值。这个价值就是卖货价值、认知价值、竞争价值。这个价值解决了竞争同质化这个最大的、最难解决的问题。

产品造型的差异化，产品包装的差异化多属于这一类。这种差异化让品牌一下子与其他同类产品区隔开来，让消费者能够识别、记住，这就足够了。

众所周知，著名的宝路薄荷糖是个圆圈（见图 5-51）。这个圆圈对消费者并没有实在的利益和功效，做成常见的圆形和圆柱形丝毫不会影响口感，但是中空的圆圈是一眼可见的差异化。这个差异化在糖块中很少见，因此消费者记住了这个品牌，这个"没有意义的差异化"帮助宝路从英国走向世界。

图 5-51　宝路圆圈形薄荷糖

无独有偶，在德国巧克力市场上，杜保罗巧克力声称自己是"世界上最长的杏仁巧克力"，借助这一方法杜保罗赢得了胜利。其实在此之前，杜保罗与众多杏仁巧克力相比完全没有优势。现在不同了，杜保罗巧克力给人一种高人一等的感觉，消费者在选择巧克力时，因其最长，常常成为优先选择。

本书第二章的"全维度视角看包装"中讲到的三精制药"蓝瓶的钙，好喝的钙"，在小药瓶的颜色上做出了差异化，结果取得了巨大的成功。

笔者当然主张做有意义、有价值的差异化，差异化不要脱离消费者的价值和需求。但是，由于做到与众不同实在是太难了，只要能够做出差异化，即便这个差异化没有实用功效也有意义，也值得做。这个意义就是"凭空"创造了不同，建立了区隔和识别，让消费者的眼睛看到差异化。建立差异，几乎等于拥有了成功的决定性前提条件。

下面再说一个案例。

近年，燕窝市场异常火爆，各种卖点层出不穷，其中"燕之屋"表现出众。"燕之屋"在包装的形式上大胆创新，首次把燕窝装进了碗里（见图5-52），方便消费者随身携带，一次食用一碗。如今许多消费者甚至忘记了品牌名"燕之屋"而直接称其为"碗燕"。"碗燕"和"晚宴"谐音，听起来好玩好记，显得很奢华。

包装的外形设计的构思方法

包装的外形设计可以理解为雕塑，创作时先确定一个基本形，然后做形体和面体的切割与组合，运用相加、相减、拼贴、重合、过渡、切割、削剪、交错、叠加等手法，构成各种形态的包装容器，可以运用渐变、旋

图 5-52　燕之屋把燕窝装进了碗里

转、发射、肌理等不同的手法进行过渡，完成整体造型。

　　下面列出几种包装的外形设计的构思方法，仅做启发和提示，不做过多讲解。

● 表面起伏变化法（见图 5-53）。

图 5-53　包装表面起伏肌理变化形成的造型

　　塞尔维亚设计师 Tamara Mihajlovic 为 BEEloved 品牌蜂蜜设计的包装，用不规则多棱切面构成玻璃瓶的外形（见图 5-54），错落有致，质感华丽，让瓶中的蜂蜜晶莹剔透，一览无余。透过绵密通透的蜂蜜，蜂巢形的内饰若隐若现，一股原汁原味的气息扑面而来，让人欲罢不能，忍不住买上一瓶。

　　2021 年 Pentawards 国际包装设计大奖包装类最高荣誉——钻石奖的获奖作品是豪华古巴朗姆酒 Eminente Reserva 的包装（见图 5-55），时尚又有可持续性。该包装以带鳄鱼皮纹理的独特玻璃酒瓶为特色，与该品牌的鳄鱼形标识相呼应，同时也与朗姆酒原产地——当地人称为古巴的"鳄鱼岛"（Isla del Cocodrilo）相呼应，设计师为品牌概念找到了独特的外形呈现。

图 5-54　BEEloved 品牌蜂蜜包装　　　　图 5-55　一款带鳄鱼皮纹理的古巴
　　　　　　　　　　　　　　　　　　　　　　　　　朗姆酒 Eminente Reserva
　　　　　　　　　　　　　　　　　　　　　　　　　的包装

- 加减造型法（见图 5-56）。

图 5-56   在常规造型基础上加减形成的包装造型

- 通透变化法（见图 5-57）。

图 5-57   通透变化形成的包装造型

- 仿生与模仿造型法（见图 5-58）。

图 5-58   用仿生与模仿形成的包装造型

图 5-59　面包的包装模拟女士内衣

Kohbery 品牌的面包本来是普通的面包，但是它的包装让它有了更多含义（见图 5-59）。事实上这款包装是为了促进大众对乳腺癌的认知，创新的包装外形成功地吸引了大家的注意力。

● **盖体变化法**（见图 5-60）。

再次强调，包装所有的手段都要为品牌营销服务，不可以为了形式而形式，同时要重视设计给消费者带来的赏心悦目的体验，实现内容和形式的完美统一。包装外形涉及的美学法则有：对称与均衡法则、安定与轻巧法则、对比与调和法则、重复与呼应法则、节奏与韵律法则、比拟与联想法则、比例与尺度法则、统一与变化法则等。这些法则在许多包装设计教科书中有讲解，是设计师需要掌握的基本功，本书不再展开。

图 5-60　产品包装的盖体变化产生的包装造型

材料设计

包装材料及其设计

包装材料设计是指设计师使用适当的材料并与其他设计要素组合设计包装，利用消费者对不同材料的认知以及材料表面表现出来的纹理和质感，让消费者感知并获得设计师希望他获得的新奇、怀旧或豪华等感受。

包装材料不仅关系到包装的成本、功能、强度、档次和结构方式，同时也深深地影响着消费者对产品和品牌的认知，与卖货息息相关。

包装的印刷工艺也属于包装材料范畴。

设计无处不创意，包装无处不表达。传情达意是本书讨论包装材料的重点。

包装材料是一种语言

包装材料从销售的角度看，同样也在传达信息。其实包装材料是一种语言，以含蓄、暗示、类比、寓意的方式作用于视觉，让消费者产生心理暗示，获得独特的体验。材料在设计师的眼里是充满灵性的，是会说话的。

例如：牛皮纸一般给人朴实、价格实在、返璞归真的感觉。塑料袋与各种材料的包装盒相比，显得普通、直观、消费高频甚至廉价，但同时又有方便、随意、实用和性价比高的意义。厚重的材料给人踏实稳定和严谨之感，光滑的材料有流畅华贵之美，粗糙的材料有原始古朴之貌，柔软的材料有舒适贴心之意，轻薄的材料有年轻时尚之浪漫飘逸……

如果一个产品的包装很容易损坏、质量低劣，那么这个产品品牌将无法定位为高质量品牌或者奢侈品品牌。同理，一种低价用品，包装成本如果显得比产品本身的价值还高，消费者就会敬而远之。

不同包装材料产生的不同联想，为产品和品牌增值，让消费者记忆深刻，能内外一致地为消费者加深印象……为包装设计师提供了丰富的表现手段，提供了诸多创意空间。

品牌定位营销策略决定包装材料

包装材料的选择从根本上来说，还是由品牌定位营销策略决定的。

任何包装作品都要附着在材料上完成，在包装设计的整个过程中，材料是所有环节的物质基础。因此，材料的选择即是设计手段，也是营销创意的表达。

是什么统领和决定包装材料的选择呢？是品牌定位，是营销策略，是既定的营销目的。为了达到这个目的，材料的选择不仅要适应品类发展情况，创造竞争差异，还要方便消费者认知、接受和消费等。

有一款酸马奶风味的饮料，包装材料选错了，被装进了易拉罐里，结果让人感觉莫名其妙。因为人们对易拉罐的包装材料和外形已经形成了认知定式，不是汽水饮料就是啤酒。与奶相关的饮料应该用 PE（聚乙烯）和利乐包装，这样给人的心理感觉才是和谐的。

在包装设计时，材料元素是如何融入其中的呢？有两种方法：一种是根据材料设计包装；另一种是先设计包装造型，然后根据造型寻找材料。无论哪种方法都是殊途同归，都不能忘记包装的目的，也不是越创新越好。传统品类产品，包装材料和外形是品类的标志，因此在材料和外形上要"入乡随俗""认祖归宗"。只有创新品类，包装材料和外形选择的范围才会自由和宽泛一些。

几种常用的包装材料的特性及应用简介

不同的产品、不同的设计师有不同的设计风格，设计师根据想表现的内容，巧妙地把材料特性注入设计，发挥材料的独特魅力，从而更好地为产品和品牌传播服务，使产品内涵和营销意图得到充分表达。

常用的包装材料有木质、纸质、塑料、金属、玻璃、陶瓷，以及上述材料的组合和现代复合材料。

● 木质

木质材料在包装上的应用比较常见。木材来源广泛，材质轻且强度高、有韧性、耐冲击和震动，可以很好地保护产品，而且容易加工。在消费者看来，木质材料质朴，有原生态之感。

例如，红葡萄酒瓶被放在原木盒中（见图 5-61），细碎麻绳作为减震填充物放在红葡萄酒瓶周围，呈现出一幅田园的、纯朴的景象，令人神清气爽。

图 5-61　原木材料的红葡萄酒包装

九千梯古树茶包装（见图 5-62 和图 5-63），在纯木上压制出年轮的纹路，寓意茶树古老，茶味醇厚。整个包装散发出古朴高端的气息。

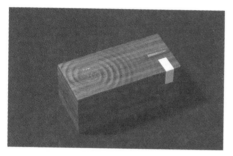 

图 5-62　九千梯古树茶包装 1　　　　　图 5-63　九千梯古树茶包装 2

采用原木制作的蜂蜜外包装（见图 5-64），不仅造型模拟蜜蜂的条纹状肚子，重要的是用原木包装设计表达这款产品是绿色食品。

图 5-64　采用原木制作的蜂蜜外包装

- **纸质**

　　纸质在包装材料中占据着第一用材的位置，包括纸张、纸板。就包装应用来说，纸质具有优异的特质，它不仅容易大批量生产，非常容易成形，好印刷，具有缓冲性，而且价格低。同时，它还可以回收利用，减少污染（见图5-65和图5-66）。

图 5-65　尚等茗汇古树红茶包装外部采用纸质材料

图 5-66　尚等茗汇古树红茶包装内部采用纸质材料

- **塑料**

　　塑料包装材料具有透明性好、重量轻、易成形、防水防潮、隔绝性能好、保证产品不受污染等优点。

　　聚丙烯、聚苯乙烯、聚对苯二甲酸乙二酯、高密度聚乙烯等通常用来
制造各种形状的塑料瓶、塑料盒（见图 5-67）。

图 5-67　光明椰子牛乳

　　塑料包装很适合用于食品特别是在冷冻食品的包装设计上（见图 5-68），
如真空包装、蒸煮包装、充气包装等，既能保护食品的完整性，又能延长
保质期。

　　需要注意的是，食品饮料和儿童用品的包装材料要避开有"毒"的塑料。

图 5-68　佳盛源牛、羊肉卷包装

图 5-69　金属盒的金枪鱼罐头

- **金属**

金属包装是指以镀锡铁、铝及铝箔、铝合金等制成的包装容器，如金属桶、金属盒（见图 5-69）、易拉罐等。

金属包装具有密封、遮光、防潮、坚固耐用，便于运输、储存、携带，方便高温加工等优点，特别适用于食品、饮料、药品、化学品等，有人打开第二次世界大战时供应美国大兵的食品金属包装，发现食品竟然没有变质。

金属材料本身带有金属光泽，易于印刷装饰，方便品牌传播。

有的金属材料不耐腐蚀、易生锈，有的金属材料会与食品中的盐等物质发生反应，营销者和设计师要扬长避短。

- **玻璃**

玻璃包装材料应用广泛，具有良好的化学稳定性，可以保证食物纯度和卫生（见图5-70和图5-71），不透气，易于密封，造型灵活，可以高温加工，与金属包装一样，是最传统的优异的包装材料之一。

　　玻璃包装有无色透明的、有色的、磨砂的和不透明的，营销者和设计师按照产品需要来选择。显而易见，易碎、重量大是玻璃的特性。包装材料没有最好，只有适合。

图 5-70　玻璃包装的御石榴酒　　　　　图 5-71　玻璃包装的秦岭野蜂蜜

● 陶瓷

　　陶瓷包装是指各种以泥土为原料烧结而成的包装。陶瓷包装按所用原料不同可以分为粗陶器、精陶器、瓷器、炻器。陶瓷包装材料具有硬度高，耐高温，对水和其他化学介质有抗腐蚀能力的性能。

　　陶瓷虽然显得高档，但是胎体厚重，容易出现渗漏，烧结时在一致性上容易出现瑕疵，制作成本较高。1966年，贵州茅台酒包装改白瓷瓶为乳玻璃瓶获得成功，既解决了渗漏和外观一致的问题，又避光、避紫外线，

图 5-72　从白瓷瓶演变的新材料——乳玻璃瓶

利于酒液的保存，而且造价相对较低，适合大批量生产。乳玻璃瓶成为茅台酒最可靠的包装选择，引得众多白酒厂争相采用（见图 5-72）。

结构设计

包装结构设计是指从包装包裹，保护产品，满足生产、储藏、运输和消费条件，兼顾成本等角度出发，对包装的外部和内部结构进行的设计。

结构设计与外形、图文、材料设计一样，是包装设计的一部分，四者分工协作，有机组合，构成一个完整的包装。

同时，同包装其他设计要素一样，包装结构的创新，能够带来新奇感，让产品具有吸引力和趣味性，增加消费者对产品的好感，如下面几款包装。

这款意大利面的包装盒子里有六个梯形的结构（见图5-73），里面分别放着六份意大利面条，一份是一人的用量。每个部分的开口都有针孔方便撕开，三个开口在盒子的正面，另外三个开口在盒子的背面，想用几份就撕开几个开口，非常方便。

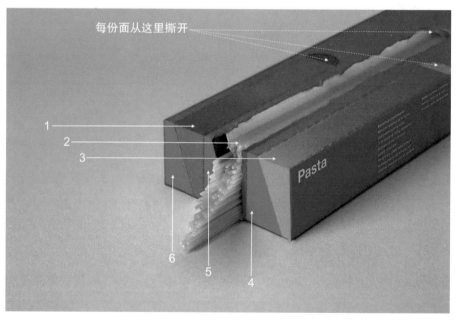

图 5-73　意大利面的包装盒内部有六个梯形结构

包装结构的创新，不要忘记最重要的目的是卖货。在满足保护产品、方便储运等基本需求的前提下，最重要的是新奇的结构要能够彰显优势，帮助消费者了解产品，方便销售和消费。一句话，形式一定要为目的服务，形式和目的要统一。脱离目的的创新，无论花费多大的力气，多么吸引眼球，都没有价值和意义。

top paw 的便携狗粮包装（见图 5-74），通过结构的简单变化，让消费者在倒出狗粮时更加方便。

图 5-74　top paw 便携狗粮包装

2020 年，Dieline Awards 全球包装设计奖第三名的"超级蜂蜜农场蜂蜜"包装（见图 5-75 和图 5-76），用木材做包装框架，上下嵌套。框架中间用硬纸材料做出蜂巢结构，形成缓冲内衬，将蜂蜜玻璃瓶镶嵌在其中，给人以天然纯正之感，内容与形式互相呼应，浑然一体，既保护了产品，又完美诠释了蜂蜜的"天然"。

图 5-75　超级蜂蜜农场蜂蜜的包装 1

图 5-76　超级蜂蜜农场蜂蜜的包装 2

不同结构的包装造型给人的感觉也是不同的。包装的结构设计必须符合产品自身的属性，满足产品的保护、储运、销售、传播和消费者使用等需求。

例如，结构形状必须合理，假如把饮料瓶设计成三棱锥形的玻璃瓶，确实很有个性，但是外包装不容易紧密地包裹保护它，不规则的玻璃外形特别容易破碎，为了防止运输破损就得加大包装安全防护等级，成本大幅度增加，反倒让产品在市场上失去竞争力。

结构形状要兼顾包装运输，在大批量运输时尽可能地节约空间。例如，包装盒、箱在使用之前要能够折叠，要方便捆扎和搬运；在使用时，包装箱、盒要形状规整，方便装卸和码放；在小批量输送时，以便于携带为好。

电商的兴起让包装业大为兴旺，拓展出许多创新发展空间。世界上多数地方，走冷链的冷藏食品大多用塑料泡沫箱包装。它虽然一次性成本低，但是对环境不友好。英国包装巨头凯特公司推出了一种纸质可回收的冷冻食品包装箱（见图 5-77），该包装箱回收率达到 69%。这种纯纸质包装箱用科学的结构替代了传统的铝箔和聚苯乙烯保温层，具有相同的隔热性能，在使用冷却剂时，纸箱内的物品可保持 0℃以下达 35 小时。

图 5-77　凯特公司研发的纯纸质冷冻食品包装箱

没有标准，就等于没有改善。我们
首先要做的就是深切地把握实际，
然后逐步加以改善，最后形成大家
都能够接受的标准。[○]

　　——丰田生产方式创始人 大野耐一

　　○ 大野耐一. 丰田生产方式 [M]. 谢克俭，李颖秋，译. 北京：中国铁道出版社，2006.

| 第 六 章 |

包装设计的检查与验收

包装设计出来之后，要进行自我检查、判断和验收。要检查包装设计作品是不是合格称职的作品，本次包装设计的目的能不能达到。

在包装设计作品提案时经常出现这样的场景，设计师和客户对包装作品评价各持己见，例如设计师认为设计就是为了卖货，客户却觉得丑，"要设计成某某产品那样的，那个产品卖得很好，应该学习……"

双方意见无法统一，都想说服对方又难以说服对方。有的设计改来改去，最后谁的声音大，谁的地位高谁说了算，或者不欢而散，终止合作。这不是正确的工作方式，而是对客户的不负责。这些问题出在事先没有建立起一个双方共同认可的好作品的标准，以及包装策略模糊，沟通不准确、不清晰上。双方都以为对方明白了，实则并没有达成共识，急急忙忙地就进入设计阶段，结果出来的作品并不是客户想要的。

判断任何事物首先要明确立场、建立标准。只要处在共同的立场和标准之下，就不会出现"公说公有理，婆说婆有理"的现象，就不会出现因当事人或评判人的地位、立场不同而不同的现象，也不会出现一个客户一个样，一个产品一个样，片面强调特殊性的现象。甲乙双方要找到不因客户和产品而异的具有普适性的评判标准。

从包装设计公司自己的工作过程来讲，也需要一套客观的评判标准以防止策略师和设计师跑偏。从调研到策略，从策略到包装，谁能100%地做到无偏差并且极富创意地完成作品？没有人做得到，是人做的工作就有可能犯错误。因此，包装设计还要设立检查纠偏机制，确保所有作品都能达到较高水平，这是甲乙双方的共同需要。

包装设计评判和验收的标准

包装设计的评判和验收标准有许多，这里只说其中最重要的三个。

标准一：准确响应客户需求

有些包装设计出来以后，看着很"虚"，双方都感觉心里空落落的，没有底。这多半是因为没有为包装赋予清晰的目的，主要问题解决得不好，却在细枝末节上花了许多心思，把包装设计搞成了审美活动，只满足了个人偏好。包装设计是一种商业行为，能够实现卖货等商业目的的包装才是好包装。这是压倒一切的硬道理，不可以向任何观点和主张让步。

客户是带着问题和任务来的，有没有准确响应客户对本次包装设计的需求是首要评判标准。这是包装策略简报中的核心内容。

包装作品没有准确响应客户需求分两种情况。

第一种情况，策略任务没有分析提炼清楚，不具体、不准确、不尖锐。

在这种情况下，甲乙双方对包装作品的评价不一致，不是作品本身的问题，而是在策略任务上没有分析提炼清楚，或者以为清楚，实则模糊、不具体、不准确、不尖锐。这时，需要在策略上返工，先把解决什么、表达什么彻底弄明白，千万不能概括和笼统，要非常具体、非常细化，把问题和任务分析提炼得纯粹而准确，直到双方达成一致再修改包装设计。

第二种情况，策略清楚，双方并无异议，但是有一方跑偏了。提案后，客户不满意，说不符合他的审美，于是设计公司开始揣摩，客户到底想要什么呢？按照揣摩到的客户心理去修改，再次提案。这么做是不对的。客户在几种思路和风格中纠结，总是拿不定主意用哪个好，这个场景恐怕许多人都熟悉。其实，这是按照自己的想法"随心所欲"地判断，没有统一的立场、目的和初衷导致的。

这时，双方需要回到策略任务的起点，回归客户到底为什么要做新包装，到底要解决什么问题上来。

客户请设计公司或者设计师做包装设计，是带着目的的。例如，为新产品、新品牌设计包装，旧包装升级，解决某一个渠道或者消费者的认知问题……有时甚至一款包装带着重大的战略使命。双方在签约合作的时候，就应该，而且必须明确本次包装设计工作的目的。这是本书第四章讲的包装策略应该完成的工作。不允许出现甲乙双方任何一方有意无意偏离和忘记本次包装目的、主题的现象。能够正面、高效解决客户问题的方案，就是好方案，这是判断包装设计优劣的第一个标准。

笔者的这个评判标准，经常倒逼客户深度思考。有时会出现这样一种情况，作品设计出来了，客户发现不是自己想要的，引导客户检查策略有没有问题后，客户才发现，是自己在策略上没有思考清楚，包装设计的目的交代得不准确。这时调整想法，亡羊补牢，一切都来得及。客户对设计方的专业、严谨产生敬佩，今后的合作配合度会更高。

一般来说，凡是在合作之初洽谈并且明确了客户需求，包装作品给予了准确响应的，双方的合作就会愉快、分歧少，共鸣度和满意度高。

设计方逐条按照客户需求来评判打分，自我打分在 85 分以上的，才是提案标准中的合格作品。

标准二：重点突出

这是第一个标准的延续，解决问题必须重点突出。一款包装只允许突出一个核心信息、一个视觉符号。

响应和满足客户在提升销量、塑造品牌上的具体需求，要看有没有重点，重点突出不突出，主要问题解决了没有，解决得好不好。例如，老包装升级，是解决价值不清，与需求的关联不明确的问题，还是解决与同类产品相比没有差异，价值不独特的问题？是解决包装在终端货架被同类产品淹没的问题，还是解决包装与目标人群错位，没有吸引力的问题？

包装是用来解决问题的，解决问题就不能平均使用力量，必须有重点。没有重点往往是因为没有找准问题，于是生怕落下了什么，为了提高保险系数，只好面面俱到。

多重点、多中心，是没有想清楚、心里没底的表现。在这种情况下，让当事人做出取舍很困难，他担心把重要的东西舍弃了，于是全面发力。

大家经常看到这样的包装作品，每一个设计元素都放大，元素与元素之间互相争夺注意力，结果反而杂乱无章、缺乏层次。这样的作品，干扰消费者注意力，没有焦点，找不到重点，事与愿违。

还有一种情况是抓错了重点，没有对重点进行审慎筛选，随心所欲，抓住一点不顾其余，这是工作不严谨、不严肃的表现。例如，有人说，这个包装作品辨识度不高，要求设计师把包装设计得特立独行。但如果这款产品是一家市场跟随型小企业的产品，不想引起品类老大的警觉，那么包装恰恰要与大牌产品有一些相似之处。在品类认知上（包括瓶形、容量、图文设计风格）随大流才能借上品类红利，迎合消费者的熟知感，要避免为了辨识度而给消费者一种另类的感觉。品牌也不必突出，清晰、有适度存在感就可以了。总之，辨识度要有方向和分寸，不能为了辨识而辨识。

标准三：包装要素完整和可执行

包装设计公司要想客户之所想，也要想客户没有想到的，拿出的作品既要卖货，又要规范和完整，交到客户手里具有可执行性，这才叫专业。

一是用包装"五力"衡量。

"五力"既是卖货包装设计的最高追求，又是基本标准。用"五力"衡量新作品，就绝对不会跑偏，不会出现被忽略、被漏掉关键问题的现象，也不会出现低级错误。

例如，现实中经常见到一些挺漂亮的包装，但消费者就是不知道这个产品是什么东西，因为它们缺少通用规范的大家看得懂的品类名称。以笔者的标准衡量，它们犯了非常低级的错误。

再如，有些品牌获得了许多奖项，但企业平时低调惯了，或者认为不是行业顶级大奖便不好意思拿出来传播。这又错了，企业与消费者信息是不对称的，信任状有总比没有好，无论如何也比自己叫卖来得可信，更不用说信任状是包装上不可或缺的元素。

上述问题都能够用"五力"逐一衡量检查出来。

二是检查规范和完整性。

按照本书第三章中"第二个秘密，包装信息的价值分级和排序"讲的"第二级：消费者关心的其他产品信息"，检查校对花色品种、克重、容量、产品种类、配料表、营养成分表、使用方法、保存方式、生产日期、保质期、注意事项、品牌商（委托单位）、地址、生产商、生产地址、服务热线、二维码等。还要把"第三级：生产、监管和流通各环节要求的规范性信息"，包括生产许可、执行标准、条形码、技术说明等，一一检查校对。

重要提示：设计师在把第二级、第三级信息校对完毕后，一定要请客户再次校对并签字。在这些信息的表达尺度及设计要求上，客户对自己所处行业的规范、禁忌等方面往往比设计师更加内行和专业，更熟悉规章章程。

最后还要检查可执行性，即包装的材料和工艺要求要符合企业的实力、成本控制和生产实际。包装设计方案中的材料、工艺与生产线是不是适配，都要与企业充分沟通，考虑周全，要确保包装设计稿能够落地执行。

卖货包装设计的自我检查及纠偏流程

在包装设计阶段，按照下面的工作流程，设计方要进行自主检查及纠偏。

创意思路

设计师根据策略方案，提出视觉设计思路，包括图形或者文字的重点是什么，主视觉或者品牌识别用什么表达，色彩主调是什么，风格调性是什么，怎样构图等。

草图沟通

在创意思路确定之后，设计师要优选出可行的创意思路，画出草图，内部讨论通过后，再用草图与客户沟通。这个过程可能不止一次。客户理解并认同之后，才可以进入正式的完稿设计。

设计师在画草图示意之时，正是检查及验证上一环节的创意思路能不能落地、可不可行的好时机，必须严格。否则的话，用草图向客户讲了创意思路，最后却实现得不完美、不合理，那么将无法收场。

完稿自查

作品完成后，本作品的策略师和设计师要先自查。第一步，对照策略，从策略到设计思路再到包装，看看是不是充分、准确地表达了策略，"五力"是否齐全，是否高质量地完成了包装的主要任务。第二步，按照本章中"包装设计评判和验收的标准"讲的"标准三：包装要素完整和可执行"再次自查一遍。

公司验收

公司负责人按照上述标准检查验收，发现问题及时修改并与客户沟通。

公司验收之后，正式向客户提案。

抓住农产品包装设计的"特殊性"

这里说的农产品是指生鲜农产品和初级加工农产品。例如，水果、蔬菜、肉禽蛋、调料、米面粮油等。

和其他产品一样，农产品在市场中也面临着激烈竞争，品牌营销水平整体不高且品牌之间的表现水平差距巨大。例如，有的苹果能让消费者过目不忘，有的却毫无存在感；同样是大米，有的早已进入消费者心智，消费者愿意为其高价买单，有的却可有可无，纯粹靠低价求生存……农产品品牌营销水平高不高直接表现在产品包装有没有销售力上。

农产品的包装设计与其他产品相比有共性，更有特殊性。研究农产品包装，只要重点研究农产品与深加工的方便食品、包装食品和日化快消品有何不同，抓住其在包装化、品牌化上的特殊性，然后有针对性地去突破，就能找到农产品包装设计的门道。

难点就是突破点，把内在品质差异外在化

把农产品与深加工的方便食品和其他快消品相比后，笔者发现，农产品的包装化、品牌化存在"两大难"：低值易损包装难，高度均质差异化难。加工程度越低，越接近自然状态，其包装化、品牌化时的"两大难"问题就越突出，包装和做品牌的难度就越大。

农产品分类

农产品加工程度由浅到深，做品牌难度就由难变易，据此分成三类。

第一类是生鲜农产品，包括肉禽蛋、水产、水果、蔬菜等。

显而易见，生鲜农产品"低值易损包装难，高度均质差异化难"的两大难问题最为突出，是包装化、品牌化困难最多、难度最高的产品。因此，它的包装化和品牌化进程滞后。

先说低值易损包装难。

水果、蔬菜单位价值较低，形状大小不一，包装它们是一件让人头痛的事情。在现代化包装手段诞生之前，叶类蔬菜用草绳子捆扎，水果用大柳条筐装。装鸡蛋的箱子是木头做的，里面层层叠叠铺上稻草……损耗很大，品牌无处标识，标准化、品牌化无从谈起。同时，由于单位价值低，消费者认牌购买度很低，对品牌的需求和认知没有充分建立起来。

再说高度均质差异化难。

农产品天生严重同质化：一是差异化程度小；二是差异多数不可见，

从直观上看不出来。两块猪肉，因猪的品种不同、饲养方式不同而不同，仅凭肉眼能够分得出优劣吗？能够看得出哪块猪肉的肌间脂肪丰富（猪肉好吃的主要原因）、水分含量少吗？一般消费者做不到。同样，两个不同产地的苹果，仅看外观，能够知道哪个脆、哪个甜、哪个耐储存、哪个香味特别吗？也不能。

第二类是初级加工农产品，包括米面粮油、山货、调料等。

这个"初级加工"是指加工了，但是还不能直接食用，仍然是食品的原料。

这类产品的包装问题很早就解决了，包装米面粮油没有难度，木耳、黄花、花椒、八角早就小包装化了，但是成功品牌化的不多，为什么？因为"高度均质差异化难"这个难点依然存在。

内蒙古自治区兴安盟大米是好大米，在中国首届国际大米节上，以盲测第一名的成绩荣获"2018 年全国十大最好吃米饭"称号，但是即使这么好的大米在做品牌之前，也是被拉到黑龙江省当作五常大米卖的，没有消费者吃出来这是兴安盟大米。

撕去品牌标识，鲁花 5S 物理压榨花生油与小油坊、小品牌的花生油放在一起，仅凭肉眼能够分得出来吗？陕西商洛市柞水的木耳和黑龙江省牡丹江市绥阳的木耳仅凭肉眼能够看出区别吗？大棚木耳和露天野生木耳能够分辨得出来吗？没几个人能够做得到。

第三类是深加工农产品，包括各种方便食品和包装食品。

河南西峡的香菇被加工成了"仲景香菇酱"，广西贺州的梅子被加工成了"芬芳凉果"，江西赣南的脐橙被加工成了农夫山泉橙汁"17.5° 橙"，这些都是深加工农产品。农产品被深加工之后，初级农产品特征消失了，看上去与工厂里生产线出来的日化快消品没什么两样，做品牌没有上面的"两大难"。稍微需要提醒的是，这类产品的产地属性能够帮助企业主打造品牌，产品差异往往是产地不同带来的，后面会讲到。

当然，深加工农产品中仍然有一部分是中间型产品，是提供给食品工业、化学工业的。例如，从红辣椒中提取的辣椒红素，是食品业高档的红色素；红枣蒸熟去皮、去核，做成枣泥，红小豆制成豆沙，这些是糕点原料……这些产品是企业对企业（B2B）交易，也能做品牌，本书不展开讨论。

问题在哪里，突破口就在哪里；难点在哪里，解决方案就在哪里。

农产品包装化、品牌化的方法

农产品包装化、品牌化的方法就在解决"两大难"当中，其突破性思路集中为一点就是，将农产品的内在品质和差异外在化。

第一，在农产品包装形式和材料上创新。

生鲜农产品、初级加工农产品正在经历从无包装、大包装、简陋包装到有包装、小包装和品牌化包装的升级，同时，科技让包装形式和材料层出不穷，包装设计师有大量的机会在包装材料和形式上创新，为品牌创造可见的差异化。

以猕猴桃为例，箱式包装好还是托盘式包装好（见图 A-1）？差异显而易见。因为托盘式包装让猕猴桃的大小、颜色一眼可见。当然，电商销售用箱式包装更实用。

图 A-1　猕猴桃的两种包装

　　普通苹果一般是怎么包装的？有的苹果没有包装，往货架上一堆，散着卖。消费者买好买坏全凭经验，像是撞大运。今天货架上堆的是这个品种这种味道，明天货架上堆的是另一个品种另一种味道。好吃，下次记不住是什么品牌，不好吃，也没有办法避开。有的往苹果上贴一个不干胶品牌标识，但是消费者对这个品牌浑然不知，除此之外再也没有可以帮助消费者判断和选择的信息了。有的包装定制礼品盒（箱），结果把苹果捂得严严实实，好像生怕人看见似的。每一种农产品都有两三款通用型礼盒包装，但是只有产地和品类名称信息，很少见到出色的企业做的产品品牌。包装上的信息既不独特也不给力，没有给出购买这个品牌的独特理由。

　　让我们看看农产品品牌大国苹果品牌的包装是什么样的。

　　新西兰乐淇苹果好看又好吃，但是果体不大。营销者打破行业惯性和观念束缚，"倚小卖小"，把苹果装进了乒乓球筒样子的透明包装里（见图 A-2），极具创意，让形式为内容服务，独特又实用，令人过目不忘。

　　笔者预测在不久的将来，超市里的生鲜产品将全部是有包装的，并且包装上每个品牌有每个品牌的特色卖点、销售主张。这才是行业升级、消费升级应有的样子。

第二，要善于将内在品质、差异外在化，好产品一定要设法让消费者感知到。

众所周知，差异化是品牌营销的法宝，是消费者选择的理由。但是农产品天生就是弱差异甚至无差异的，可称为高度均质。

高度均质有两种情况。

一种情况是，同类产品的不同产地、不同品牌在内在品质上差异不大，在营养成分、性状、口感等方面高度

图 A-2　新西兰乐淇苹果羽毛球筒形包装

趋同，同时，在外在感观上也没有明显差异，分不出彼此。例如，同为苹果，陕西洛川出产的红富士与山东烟台出产的红富士有什么差异？恐怕绝大多数人不经过仔细对比，说不出来。

另一种情况是，虽然在内在品质上有差异，但是在外观上看起来差不多。如果不借助仪器，或者不试吃，凭借肉眼很难分辨出来。例如，土豆，北京当地产的土豆与内蒙古产的土豆一般人能够用肉眼分辨出来吗？也许只有把土豆做熟了，才会知道容易煮烂的、开花了的是内蒙古产的土豆，因为淀粉含量高。

初级加工农产品高度均质，这是做品牌的难点，也是突破点，办法是将内在品质和差异外在化！

韩国高丽参品牌"正官庄"只选用培养 6 年以上的参（见图 A-3）。但

图 A-3　韩国高丽参品牌"正官庄"6 年参产品

是怎么让消费者知道呢？正官庄经营者在每款包装上，都印有清晰的"6"字。"6"字，就是将内在品质外在化的表达，彰显正官庄产品与其他品牌产品标志性的不同。

农夫山泉推出的橙子来自赣南，怎样才能与众不同呢？

第一步，农夫山泉经过研究认为，17.5°是黄金酸甜比，口感最好。第二步，以此为标准，专门为消费者做了精心培育和严苛筛选。第三步，设法让消费者知道这是一款不一样的赣南脐橙，要把哪里不一样传达给消费者。怎么传达呢？直接把这款橙子命名为"17.5°橙"！这是定义，并且将独一无二的价值点固化在产品名称上，开创了新品类，然后自己独占独享。这是让内在品质和差异变得"可见"的高招（见图 A-4）。

从某种意义上讲，营销是一种翻译、中介工作，把藏在里面的、看不见的品质和差异，拿出来放在外面，把深奥的翻译成通俗易懂的……

好产品，包装要说话，把翻译和中介工作承担起来，当好推销员，在消费者目光投向产品的一瞬间，为消费者提供有力的选择理由。

产品名称
农夫山泉17.5°橙
铂金果

规格
净重:5KG

口感
甜中带微酸、水分充足、
化渣率高

图 A-4   农夫山泉 17.5° 橙

产地价值是农产品差异化的源泉，是农产品品牌之魂

农产品是大自然的杰作，产品好首先是因为产地好。产地独特的水、土、气候条件造就了农产品独特的品种、品质。因此，产地是优质农产品、特色农产品独一无二、不可复制的核心竞争力的来源，是上天赋予的差异化之源，是农产品品牌之魂。

苹果手机无论在哪国生产，质量与标准完全一样，但农产品不行，换了产地，产品的品质与特征就会发生改变。这是农产品与工业品做品牌最大的不同。

图 A-5　日本男前豆腐店和豆腐产品

因此，从产地和品种中挖掘价值，找到差异，然后将它们有创意地传达出来，植入消费者心智，是创建农产品品牌的核心方法。

日本著名的"男前豆腐"店（见图 A-5），只选用价格高出一般原料四倍的北海道大豆和独特的冲绳苦汁制作。北海道大豆在独特的地理气候条件下生长，品质优良，是日本大豆中的精品。冲绳苦汁则是一种由海水提炼而成的豆腐凝结剂，由于含有更高的矿物质，用它做出的豆腐比一般的豆腐更硬，烹饪时不易碎，并且营养丰富，别有风味。这是"男前豆腐"店高品质秘密的核心所在。在此基础上，经营者由内而外赋予男前豆腐"男子汉"的形象与个性，创建了独特的品牌认知，从此"男前豆腐"店脱颖而出。

黑龙江优质大米有很多，金鹤大米（见图 A-6）获得 2020 年世界食品品质评鉴大会金奖。怎样利用包装把金鹤大米这种好大米卖出好价钱呢？

大米好，首先是产地好，金鹤大米来自亚洲最大的湿地——黑龙江齐齐哈尔扎龙湿地。

图 A-6 金鹤大米包装

在地理位置上，金鹤米业的核心产区地处北纬 45° 大米黄金种植带，拥有 145 天无霜期，超 2900 小时日照和 440mm 降水量，高达 2900℃的活动积温和 10℃以上的昼夜温差，金鹤水稻的营养得到充分盈积。

在土壤上，坐拥世界三大黑土地之一的松嫩平原，有机质含量高达2.86%，富含多种矿物元素，重金属含量极低，这使得金鹤米业产区内的绿色和有机水稻占比达 70% 以上。

在水源上，金鹤水稻享受着中国两大无污染河流之一的嫩江的灌溉，加之每年的寒地融雪和湿地净水，每一粒金鹤大米都晶莹饱满。

在种植管理上，金鹤所有有机产品保证无农药和无化肥栽培 3 年以上，并且坚守"一年只产一季稻""天然病虫害防治""定制化品种种植"等科学种植模式。

…………

金鹤大米优势这么多，在包装中传达哪一点呢？哪一点能够让它从众多优质东北大米中跳脱出来，成为不可替代的呢？

原来，金鹤大米的产地是丹顶鹤之乡，众多丹顶鹤栖息在扎龙湿地。关键是，丹顶鹤对环境极端挑剔，它们选择在这里栖息，足以证明这里的自然环境优越，金鹤大米从此有了无可争辩和无法替代的选择理由，有了可视、无须验证的品质证明。

让丹顶鹤担当金鹤大米的见证者和形象代言人！丹顶鹤形象圣洁高贵，与金鹤大米高于国家优质大米一级标准的形象高度匹配。

于是，洁白的丹顶鹤形象出现在了包装上（见图 A-7），这款产品不可替代的竞争力是"与鹤共生"，好产品自己开口说了话。

图 A-7　洁白的丹顶鹤成为金鹤大米包装的主角

2019 年至今，四喜公司与金鹤米业合作，连续为其打造出多款中高端大米系列包装。在 2021 年抖音年货节上，金鹤荣获"米面粮油爆款"TOP1 品牌。自 2022 年以来，金鹤在抖音 6·18 好物节蝉联两年大米类目销量冠军（见图 A-8）。

产地是农产品品牌之魂！

枸杞在青海、甘肃、新疆、陕西、内蒙古、宁夏、河北等众多地区都有出产，为什么只有宁夏中宁地区的枸杞最好，达到入药级别？产地使然！是宁夏中宁这个产地使得产品品质最优、药性最强，中宁也就成了正宗枸杞的信任状。

图 A-8　金鹤在抖音 6·18 好物节蝉联两年大米类目销量冠军

龙井茶的制作工艺可以说没有什么秘密可言，但是只有杭州的狮、龙、云、虎、梅五个一级核心产区的原料制作出来的龙井茶才是"正宗龙井"。所以说，产地是农产品品牌之魂！

品牌，最终要在消费者心智中建立。优质农产品一定来自某个特定的产地，这是已经存储在消费者心智中的认知，包装设计师需要研究、发现和调动这个认知，与品牌关联，让品牌独有。如果做到了，这个农产品品牌至少就赢在了起跑线上！

包装策略问题信息表

包装策略问题信息表

序号		信息项目	甲方填写
1	包装规范性的信息	打算使用的注册商标	
2		产品品牌名称（有的产品品牌名称与注册商标不是同一个）	
3		副品牌（有的副品牌就是产品品牌名称，如伊利金典）	
4		规范的品类名称	
5		本产品所有花色品种名称	
6		出品者、生产地、生产时间、监制、电话等企业信息，保质期、储存方法、使用方法	
7		包装瓶（盒）材料	
8		包装瓶（盒、袋）尺寸与形状（请附文件）	
9		包装上标定容量规格（g、mL 等）	
10		品牌标识（请附文件）	
11		代言人、吉祥物（请附文件）	
12		广告语	
13		已经核准规范的配料表、执行标准（请附文件）	
14		条形码、二维码（请附文件）	
15		其他需要上包装的信息和图形	

（续）

序号		信息项目	甲方填写
16		品牌定位	
17		本品牌占据了哪个品类特性	
18		典型消费场景	
19		源点人群是	
20		甲方认为，该品类产品的用户任务（核心产品）是什么	
21		本产品的品类价值是什么	
22		本品牌所处的发展阶段，即本品牌在行业中的地位（领军品牌、第二品牌、模仿品牌、新晋品牌）	
23	策略及创意表现需要了解的信息	本产品在现有市场中的优劣势及存在的主要问题	
24		第一目标市场在哪里（具体哪些省、市、县）及其级别（例如陕西、宝鸡，地级市）	
25		销售渠道、终端类型（例如商超、淘宝、抖音）	
26		自己做市场还是经销商做市场	
27		不出现在广告包装上的，甲方还有哪些竞争优势（例如价格、原料、神秘技术、成本、团队、特殊渠道、政商资源、产品组合等）	
28		本品牌产品的差异化价值是什么	
29		零售定价是多少	
30		与同行相比，价格定位是什么	
31		主要竞争对手是谁？其优势、品牌差异化价值和主打卖点分别是什么	
32		企业确定的追赶对象和追赶内容是什么	
33		企业对本产品寄予的市场期望	
34		信任状有哪些（令品牌可信的内容，包括承诺、消费者可验证的事实、第三方权威证明、中国驰名商标等认证、奖项标识）	
35		甲方认为本次包装设计要解决的主要问题	
36		具体设计哪几款包装	
37		建议的风格调性	
38		本包装一定要提醒及一定不要提醒的事项	
39		甲方认为好的包装举例（同类和类似产品）	
40		是否有高质量的产品照片，如有附后	

填表说明：

甲方根据实际情况如实填写，如没有，请不要填写。如果没有想清楚或者看不明白，请与乙方沟通后再填写，附的文件格式要求 AI/PS/CDR 格式。

如果一个品牌下有多种产品，请每一种产品填写一张表。

本表调研内容是搜索基础信息，不是下定论。

鸣　谢

　　本书依据笔者经营包装设计公司服务客户的工作实践编写而成，书中采用的案例大部分来自亲身实践。成果中浸透着本公司设计师、策略师小伙伴们的智慧，在此致以真诚的感谢。

　　我的朋友王道战略营销咨询创始人王宏君先生、黑岩战略定位创始人陈永生先生，以及设计师黎真、李伟对本书提出了许多建议，在此对他们表示真诚的感谢。

　　写入本书的其他包装案例多数是消费者耳熟能详的知名品牌在市场上的真实表现，它们用成功的品牌创建和亮眼的销售业绩为卖货的好包装提供了优秀范式和佐证。对此，我们一并表示真诚的感谢。

约翰·科特领导力与变革管理经典

约翰·科特

举世闻名的领导力专家，世界顶级企业领导与变革领域最为权威的发言人。年仅 33 岁即荣任哈佛商学院终身教授，和"竞争战略之父"迈克尔·波特一样，是哈佛历史上此项殊荣的年轻得主。2008 年被《哈佛商业评论》中文官网评为对中国当代商业思想和实践有着广泛影响的 6 位哈佛思想领袖之一。

《总经理》
如何甄选和胜任总经理

《权力与影响力》
如何提升领导力

《认同》
赢取支持的艺术

高级　　　　中级　　　　基础

耿帅 译　　　　李亚 王璐 赵伟 等译　　　　苏军锋 译

个人领导力

大师经典助你应对急剧变化的新世界

变革工具箱

原理　　　　方案　　　　措施

《领导变革》
变革的原理与 8 个步骤
徐中 译

《变革之心》
变革实操落地解决方案与案例
刘祥亚 译

《变革加速器》
快速构建双元驱动敏捷组织成功转型
徐中 译

沙因谦逊领导力丛书

清华大学经济管理学院领导力研究中心主任
杨斌 教授 诚意推荐

合作的伙伴、熟络的客户、亲密的伴侣、饱含爱意的亲子
为什么在一次次的互动中，走向抵触、憎恨甚至逃离？

推荐给老师、顾问、教练、领导、父亲、母亲等
想要给予指导，有长远影响力的人
沙因 60 年工作心得——谦逊的魅力

埃德加·沙因（Edgar H. Schein）

世界百位影响力管理大师之一，企业文化与组织心理学领域开创者和奠基人

美国麻省理工斯隆管理学院终身荣誉教授

芝加哥大学教育学学士，斯坦福大学心理学硕士，哈佛大学社会心理学博士

1《恰到好处的帮助》

讲述了提供有效指导所需的条件和心理因素，指导的原则和技巧。老师、顾问、教练、领导、父亲、母亲等想要给予指导，有长远影响力的人，"帮助"之道的必修课。

2《谦逊的问讯》（原书第 2 版）

谦逊不是故作姿态的低调，也不是策略性的示弱，重新审视自己在工作和家庭关系中的日常说话方式，学会以询问开启良好关系。

3《谦逊的咨询》

咨询师必读，沙因从业 50 年的咨询经历，如何从实习生成长为咨询大师，运用谦逊的魅力，帮助管理者和组织获得成长。

4《谦逊领导力》（原书第 2 版）

从人际关系的角度看待领导力，把关系划分为四个层级，你可以诊断自己和对方的关系应该处于哪个层级，并采取合理的沟通策略，在组织中建立共享、开放、信任的关系，有效提高领导力。